Wolfgang Staeck

Salmler aus Südamerika

Lebensräume und Pflege
im Aquarium

Dähne Verlag

Alle Fotos, mit Ausnahme der besonders gekennzeichneten, sind vom Autor.

Bibliografische Information der Deutschen Bibliothek
Die Deutsche Bibliothek verzeichnet diese Publikation in der Deutschen Nationalbibliografie;
detaillierte bibliografische Daten sind im Internet über http://dnb.ddb.de abrufbar.

ISBN 978-3-935175-41-8
© 2008 Dähne Verlag GmbH, Postfach 10 02 50, 76256 Ettlingen

Lektorat: Ulrike Wesollek-Rottmann
Herstellungsleitung: Ulrike Stauch
Layout: Ulrike Stauch, Anna Raatz
Bildbearbeitung: Specht Moderne Reprotechnik
Druck: Himmer AG, Augsburg
Printed in Germany

Fischfang in der ufernahen Freiwasserzone mit Wurf- und Zugnetzen.

Inhalt

6

Vorwort

Einige der in Südamerika beheimateten Vertreter der Ordnung Characiformes, die in der Aquaristik besonders populär sind und deshalb im Mittelpunkt des vorliegenden Buches stehen, zählen zu den besonders bekannten Fischen, denn sie erfreuen sich auch außerhalb des Hobbys eines hohen Bekanntheitsgrades. Zu diesen Arten gehören unter anderem die Piranhas und die Neonsalmler. Ein Rundgang durch ein beliebiges Zoofachgeschäft zeigt, dass Salmler in der Aquaristik eine besonders wichtige Rolle spielen. Während jedoch über andere aquaristisch populäre Fischgruppen jeweils eine Vielzahl von ausschließlich dem jeweiligen Verwandtschaftskreis gewidmeten aquaristischen Fachbüchern existiert, besteht an Werken über Salmler ein erheblicher Mangel.

Die wichtigste Ursache dafür bildet sicherlich der ungeheure Formen- und Artenreichtum, durch den sich die Ordnung Characiformes auszeichnet, weshalb es gegenwärtig keinen Ichthyologen gibt, der über eine wirklich umfassende und fundierte Kenntnis aller Salmler verfügt. Die letzte ichthyologische Gesamtdarstellung der Characiformes ist inzwischen über vierzig Jahre alt (Géry, 1977), aber in Ermangelung entsprechend neuerer Publikationen ein immer noch viel zitiertes Standardwerk. Zwar ist inzwischen eine Anzahl grundlegender Veröffentlichungen erschienen, die aber ausnahmslos einzelne Fischfamilien betreffen und deshalb nur für begrenzte Bereiche neue Erkenntnisse liefern. Über zahlreiche Salmlergattungen sind bisher nur spärliche und lückenhafte Informationen verfügbar. Infolgedessen erweisen sich die Orientierung in diesem Verwandtschaftskreis und die Bestimmung von Salmlern als ein außerordentlich schwieriges Unterfangen. Es liegt deshalb auf der Hand, dass auch das vorliegende Buch nur eine begrenzte Auswahl von Arten berücksichtigen kann und dass manche von ihnen nur bis zur Gattung bestimmt werden konnten.

Ein weiterer Grund für den Mangel an aquaristischer Fachliteratur über Salmler bildet das in der Aquaristik weit verbreitete Vorurteil, diese Fische seien zwar hübsche, aber in Bezug auf ihr Verhalten und ihre Biologie wenig interessante Pfleglinge, weshalb kaum Anreize bestehen, sich mit ihnen unter Zuhilfenahme von Literatur eingehender zu beschäftigen. Zu den wesentlichen Anliegen dieses

Buches gehört es deshalb auch, diese einseitige und unzutreffende Meinung zu korrigieren, denn das Sozialverhalten, die Fortpflanzungsbiologie und Brutpflege einiger Salmler sind ebenso differenziert und faszinierend wie in der Familie der Buntbarsche.

Ein Schwerpunkt dieses Buches, durch den es sich von ähnlichen Werken wesentlich unterscheidet, besteht darin, die Bedingungen, unter denen die behandelten Salmler in ihren natürlichen Lebensräumen vorkommen, möglichst genau zu beschreiben, um dadurch dem Pfleger verlässliche Informationen über ihre artgerechte Haltung im Aquarium zu liefern. Bei der Berücksichtigung dieser ökologischen Angaben in der Praxis der Aquaristik ist jedoch zu beachten, dass die an einem bestimmten Fundort gewonnenen Messergebnisse bloß Momentaufnahmen bilden, die nur belegen, dass die betreffende Fischart unter den ermittelten Bedingungen lebt und sich möglicherweise auch fortpflanzt. Die punktuell gewonnenen ökologischen Daten lassen jedoch keine Rückschlüsse auf den Umfang der genetisch fixierten Toleranz der Fische gegenüber den jeweils untersuchten Umweltfaktoren zu. Um das Optimum und die Grenzbereiche für eine bestimmte Fischart zu bestimmen, reichen punktuelle Untersuchungen in den natürlichen Lebensräumen nicht aus, da es – wie meine eigenen Beobachtungen bestätigen – in den meisten südamerikanischen Gewässern im jahreszeitlichen Wechsel periodisch zu drastischen Veränderungen der physikalischen und chemischen Parameter des Wassers kommen kann.

Im Wesentlichen beruhen die im Folgenden zusammengestellten Informationen über Salmler einerseits auf Ergebnissen, die während der vergangenen 30 Jahre auf zahlreichen fischkundlichen Reisen nach Südamerika gewonnen wurden, und andererseits auf der langjährigen Pflege dieser Fische im Aquarium.

Für die Unterstützung bei den Vorarbeiten zu diesem Buch bin ich Marilyn und Stanley H. Weitzman, Michel Jégu sowie insbesondere meinen Reisegefährten Ingo Schindler und Jürgen Krüger zu Dank verpflichtet. Einige Fotos von seltenen Salmlern wurden mir von Olaf Deters und Hans-Georg Evers zur Verfügung gestellt, wofür ich mich herzlich bedanke.

Berlin, im Sommer 2007
Wolfgang Staeck

9

Einleitung

Salmler bilden unter den Aquarienfischen zweifellos die wichtigste Gruppe, wenn man die Zahl der gepflegten Tiere als Kriterium verwendet. Im Gegensatz zu Buntbarschen, Labyrinthfischen, aber auch Killifischen und Welsen, die wegen ihrer faszinierenden Brutbiologie häufig als verhaltensbiologische Studienobjekte gepflegt werden, dienen Salmler jedoch zumeist nur als belebendes Element in einem so genannten Gesellschaftsaquarium. Die folgenden Kapitel werden den Leser jedoch sicherlich davon überzeugen, dass es auch in der vielgestaltigen Verwandtschaft der Salmler eine ganze Reihe von Arten gibt, die ganz und gar nicht in das Klischee des zwar attraktiv gefärbten, aber vom Verhalten her uninteressanten Schwarmfisches passen. Im Gegensatz zu diesem in der Aquaristik weit verbreiteten Vorurteil gibt es nämlich auch eine ganze Anzahl von Salmlern aus

verschiedenen Familien mit äußerst interessanten Formen sowohl des Sozial- und Fortpflanzungsverhaltens als auch der Brutfürsorge und Brutpflege, deren Vielfalt mit den für Buntbarsche charakteristischen Verhaltensweisen durchaus zu vergleichen ist. Aus diesen Gründen kann dem biologisch interessierten Aquarianer durchaus empfohlen werden, auch einmal die eine oder andere Salmlerart in einem unter Beachtung der jeweiligen Lebensansprüche speziell eingerichteten Aquarium für verhaltensbiologische Beobachtungen zu pflegen.

Die Auswahl der behandelten Arten erfolgte bis auf wenige Ausnahmen unter den Kriterien, dass diese Salmler entweder wegen ihrer Biologie oder ihrer Färbung besonders interessante Pfleglinge sind und dass sie im Zoofachhandel häufig angeboten werden.

10

Stellung der Salmler im zoologischen System

Im zoologischen System haben die Salmler innerhalb der Klasse Strahlenflosser (Actinopterygii) als Ordnung ihren Platz gefunden. Als Characiformes (Salmlerartige Fische) bilden sie dort mit etwa 150 Gattungen einen sehr formenreichen Verwandtschaftskreis mit bisher etwa 1500 beschriebenen und 500 noch nicht bearbeiteten Arten (REIS, KULLANDER & FERRARIS, 2003). Jahr für Jahr werden jedoch noch immer Dutzende von neuen Arten entdeckt und beschrieben. Gut zweihundert Salmler leben in Afrika, der Rest kommt in Amerika vor.

In den Flüssen des schwer zugänglichen Regenwaldes werden Jahr für Jahr noch immer neue Salmler entdeckt.

Familien Amerikanischer Salmler (Ordnung Characiformes):

Ancestrorhynchidae (Hundssalmler)
Anostomidae (Engmaulsalmler)
Characidae (Echte Salmler)
Characidiidae (Bodensalmler), oft nur Unterfamilie Characidiinae der Crenuchidae
Chilodontidae (Kopfsteher)
Crenuchidae (Prachtsalmler)
Ctenoluciidae (Hechtsalmler)
Curimatidae (Barbensalmler)
Cynodontidae (Wolfssalmler)
Erythrinidae (Raubsalmler)
Gasteropelecidae (Beilbauchsalmler)
Hemiodontidae (Keulensalmler)
Lebiasinidae (Schlanksalmler)
Parodontidae (Algensalmler)
Prochilodontidae (Barbensalmler)
Serrasalmidae (Sägesalmler), oft nur Unterfamilie Serrasalminae der Characidae

Dectobrycon armeniacus ist ein neu entdeckter, im Jahre 2006 beschriebener Salmler.

11

Obwohl es nicht an Versuchen gefehlt hat, die unüberschaubar große Zahl von Arten und Gattungen aufgrund ihrer natürlichen Verwandtschaft in Familien und Unterfamilien zusammenzufassen und damit zu ordnen und überschaubar zu machen, sind die Ergebnisse zumindest in einigen Teilbereichen bis zum heutigen Tag wenig befriedigend geblieben. Häufig ist nämlich höchst umstritten, ob die in einer Familie zusammengefassten Gattungen wirklich natürliche monophyletische Einheiten sind und damit die stammesgeschichtliche Entwicklung widerspiegeln. Die Hauptschwierigkeit liegt darin, zu entscheiden, ob gemeinsame Merkmale wirklich auf Homologien beruhen und deshalb verlässliche Hinweise auf eine Verwandtschaft bilden oder ob sie unabhängig voneinander verschiedene Male entstanden und infolgedessen nur als Konvergenzen aufzufassen sind. Neuerdings gewinnen für die Klärung der natürlichen Verwandtschaftsverhältnisse neben den traditionellen vergleichenden Untersuchungen morphologischer und anatomischer Merkmale auch Analysen des Erbgutes an Bedeutung und führten bereits zu bemerkenswerten Ergebnissen.

Wegen dieser Schwierigkeiten gibt es zur Zeit kein von allen Wissenschaftlern in allen Einzelheiten akzeptiertes Modell für die Untergliederung der Characiformes, sondern die Diskussion ist noch in vollem Gange, weshalb ständig Unterfamilien in den Rang von Familien erhoben und Verwandtschaftskreise, die früher als selbstständige Familien akzeptiert wurden, jetzt oftmals nur noch als Unterfamilien gelten. Beispielsweise wurden die Familien Prochilodontidae und Chilodontidae zeitweilig nur als Unterfamilien Prochilodontinae und Chilodontinae in die Familien Curimatidae und Anostomidae überführt und die Paro-

Der Neonsalmler ist der bekannteste Vertreter der echten Salmler (Characidae).

dontidae als Parodontinae den Hemiodidae angegliedert. Ferner werden heute alle Arten der ehemaligen Familie Characidiidae nur noch als Unterfamilie Characidiinae der Crenuchidae angesehen. Die ursprünglich einzigen drei Arten der Familie Cre-

die Verlängerung der Rücken- und Schwanzflosse sowie der Bauchflossen bei den männlichen Schlanksalmern aus der Gattung *Copella*.

Oftmals sind die Rücken- oder Afterflosse der Männchen auch vorn zu einer Spitze ausgezogen, während sie bei den Weibchen eher abgerundet ist. Das gilt unter anderem für viele der so genannten „Rosy Tetras" und andere *Hyphessobrycon*-Arten, beispielsweise für den Rosentetra (*H. bentosi*) und den Kirschflecksalmler (*H. erythrostigma*). Schließlich haben weibliche Exemplare mancher Salmler eine konvexe, Männchen dagegen eine konkave Afterflosse. Ein Beispiel für einen derartigen Flossendimorphismus findet sich beim Schilfsalmler *Hyphessobrycon elachys*. Auch im Hinblick auf die Größe und Form der Flossen gibt es zwischen monomorphen und deutlich dimorphen Arten alle nur möglichen Übergänge. Zu den Arten mit einem besonders ausgeprägten sexuellen Flossendimorphismus zählt zum Beispiel der Kaisertetra (*Nematobrycon palmeri*), dessen Männchen eine auffällige Verlängerung der mittleren Strahlen ihrer Schwanzflosse aufweisen, die weiblichen Fischen fehlt.

Schließlich können sich aber sogar bei mehr oder weniger monomorphen Salmlern brauchbare Hinweise auf die Geschlechtszugehörigkeit auch aus der genauen Beobachtung ihres Verhaltens ergeben. Bei vielen Arten haben männliche Exemplare nämlich ganz bestimmte, von ihnen bevorzugte Standplätze, die sie zumindest zeitweilig gegen männliche Artgenossen in ritualisierten Kommentkämpfen verteidigen. Zusätzlich lässt sich dann häufig beobachten, dass sie von diesen Standorten aus vorbeischwimmende Weibchen anbalzen.

Neben zahlreichen Arten, die homomorph sind oder nur sehr gering ausgebildete Geschlechtsunterschiede zeigen, gibt es aber auch Salmler mit einem ganz deutlichen Sexualdimorphismus. Dieser kann, wie bereits ausgeführt, auf Unterschieden in der Endgröße von männlichen und weiblichen Fischen sowie in ihrer Körper- und Flossenform beruhen. Zusätzlich treten bei manchen Arten zwischen Männchen und Weibchen aber auch auffällige Farbunterschiede auf, die eine problemlose Unterscheidung der Geschlechter ermöglichen. Ein Beispiel für einen Salmler mit einem deutlichen Sexualdichromatismus ist der Schwarze Phantomsalmler (*Hyphessobrycon megalopterus*), denn die Weibchen behalten zeitlebens mehr oder weniger die rötliche Jugendfärbung, während die Männchen, insbesondere während der Balz, tiefschwarz gefärbt sind. Männliche Exemplare von *Nanocheirodon insignis* tragen auf dem oberen und unteren Grund der Schwanzflosse eine großflächige signalrote Zone, während die Weibchen dort zwei gelbe Flecken tragen. Im Unterschied zu den Weibchen, die dort ebenfalls

21

gelbe Zeichnungen tragen, besitzen die Männchen von *Hemigrammus marginatus* auf dem Grund ihrer Schwanzflosse oben und unten je einen kräftig orangeroten Fleck. Auch bei dem noch unbeschriebenen Ziersalmler *Nannostomus* cf. *marginatus* „rot" sind die Geschlechter leicht zu unterscheiden, da männliche Fische auf ihrem Körper kräftig rot gefärbt sind, die Weibchen aber eine weißliche Grundfärbung haben.

Aber nicht nur Körper-, Flossenform und Färbung bilden bei Salmlern sekundäre Geschlechtsunterschiede. Die Männchen mehrerer Arten aus den beiden Unterfamilien Glandulocaudinae und Stevardiinae besitzen sekundäre Geschlechtsmerkmale in Form von merkwürdigen Körperanhängen, die als bewegliche Signale im Dienst des ausgesprochen komplizierten ritualisierten Balzverhaltens dieser Fische stehen, das der Besamung der Weibchen vorausgeht (NELSON, 1964). Diese Gebilde sind aus abgewandelten Schuppen der Körperseiten, abgewandelten Kiemendeckeln oder Brustflossen hervorgegangen. Der Zwergdrachenflosser (*Corynopoma riisei*) besitzt zum Beispiel fadenförmige, stark verlängerte Anhänge des Kiemendeckels, die in einer fleischigen lappenartigen Erweiterung enden. Beim Fadenschuppensalmler (*Pterobrycon landoni*) werden derartige Körperanhänge dagegen aus je einer verlängerten, beweglichen Schuppe im Schulterbereich beider Körperseiten gebildet (EIGENMANN, 1929). Diese fadenartigen Gebilde sind mit der Skelettmuskulatur verbunden und enden bei den Männchen dieser Art jeweils oberhalb der vorderen Afterflosse in einem winkelförmigen lappenartigen Anhang.

Männchen des Zwergdrachenflossers (*Corynopoma riisei*) besitzen fadenförmige, stark verlängerte Anhänge des Kiemendeckels (verändert nach Meinken, 1932).

Männchen des Fadenschuppensalmlers (*Pterobrycon landoni*) haben Körperanhänge, die aus je einer verlängerten, beweglichen Schuppe im Schulterbereich beider Körperseiten gebildet wird (verändert nach Eigenmann, 1929).

1 Männchen des Schwarzen Phantomsalmlers (*Hyphessobrycon megalopterus*).

2 Weibchen des Schwarzen Phantomsalmlers (*Hyphessobrycon megalopterus*).

3 Männliche Exemplare von *Nanocheirodon insignis* haben eine rote Schwanzflosse.

4 Weibchen von *Nanocheirodon insignis* haben eine gelbliche Schwanzflosse.

5 Männchen von *Hemigrammus marginatus*.

6 Weibchen von *Hemigrammus marginatus*.

7 Männchen von *Nannostomus* cf. *marginatus* „rot".

8 Weibchen von *Nannostomus* cf. *marginatus* „rot".

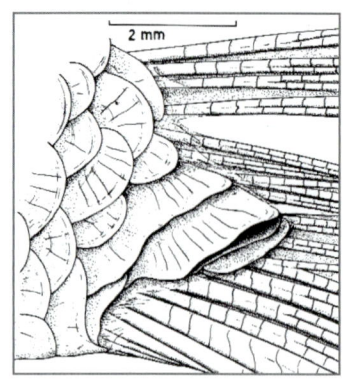

Drüse auf der Schwanzflossenbasis von *Glandulocauda terofali* (verändert nach Géry, 1964).

Von den sexuell aktiven männlichen Exemplaren einiger Salmler aus der Familie Characidae mit einer Samenübertragung sind aber noch weitere sekundäre Geschlechtsorgane bekannt, die in der hinteren Körperhälfte oder auf der After- oder Schwanzflosse entdeckt wurden. Bei diesen Arten sind am unteren Rand des Schwanzstiels sowie auf der After- oder Schwanzflosse winzige verknöcherte Häkchen oder Dornen ausgebildet, die bei der Paarung dieser Arten als Haft- oder Klammerorgane eine wichtige Funktion übernehmen, wegen ihrer Winzigkeit mit bloßem Auge jedoch schwer erkennbar sind.

Flossenhäkchen auf den Strahlen der Afterflosse besitzen unter anderem *Hemigrammus hyanuary*, *Tyttobrycon xeruini* und *T. hamatus*. Die Männchen von *Mimagoniates*- und *Glandulocauda*-Arten weisen ebenfalls derartige Gebilde auf, jedoch auf ihrer Schwanzflosse. Männliche *Brittanichthys axelrodi* und *B. myersi* haben zusätzlich Afterflossenhäkchen. Dagegen tragen *Tyttobrycon dorsimaculatus*, *T. spinosus*, *Nanocheirodon insignis* sowie – allerdings nur während der Fortpflanzungszeit – auch mehrere *Cheirodon*-Arten kleine Dornen (so genannte Interhaemalia) am unteren Rand ihres Schwanzstiels.

Schließlich besitzen die Männchen der meisten Salmler, bei denen eine Besamung nachgewiesen wurde, beispielsweise die Arten aus den beiden Unterfamilien Stevardiinae und Glandulocaudinae, auf ihrer Schwanzflossenbasis oder seltener auf ihrer Afterflosse besondere Organe, die Pheromone produzieren und nach außen abgeben. Diese Wirkstoffe dienen als Sexuallockstoffe zum Anlocken der Weibchen, damit die Besamung vollzogen werden kann. Diese Caudaldrüse kann aus abgewandelten Schwanzflossenstrahlen, -schuppen oder der modifizierten Schwanzflossenmuskulatur entstanden sein. Bei den *Mimagoniates*-Arten wird die Pheromonpumpe beispielsweise von den Schwanzflossenstrahlen 10-12

Männchen von *Nanocheirodon insignis* tragen kleine Dornen (Interhaemalia) am unteren Rand ihres Schwanzstiels.

gebildet. Obwohl diese Schwanzflossendrüse nur sehr klein ist, lässt sie sich selbst bei Zwergsalmlern am Ende des Schwanzstiels der Männchen meist noch mit bloßem Auge als anders gefärbte Verdickung erkennen. Auch bei Vertretern aus der Gattungsgruppe *Compsurini* aus der Unterfamilie Cheirodontinae sind Interhaemalstacheln und Caudaldrüsen nachgewiesen worden.

24

Verbreitung

Die gegenwärtige natürliche Verbreitung der Salmler erstreckt sich über Afrika sowie Süd- und Mittelamerika. Ihr Vorkommen auf zwei getrennten Kontinenten beschäftigte seit jeher die Wissenschaftler und gab anfangs Anlass zu verschiedenen Überlegungen. Heute wird aber allgemein akzeptiert, dass das gegenwärtige Vorkommen der Salmler in zwei völlig voneinander isolierten Gebieten mit erdgeschichtlichen Entwicklungen zu erklären ist. Man bedient sich der Kontinentalverschiebungstheorie des deutschen Geophysikers Alfred Wegener, die in der Vergangenheit lange Zeit zwar recht umstritten war, heutzutage von der Fachwelt aber als gesicherte Tatsache anerkannt ist, und geht davon aus, dass Afrika und Südamerika bis zum Ende des Mesozoikums als Teile eines großen Kontinents der Südhalbkugel miteinander in Verbindung standen. Dieses so genannte Gondwanaland teilte sich dann spätestens während des Eozäns, wodurch unter anderem auch Südamerika und Afrika in ihrer heutigen Form entstanden, indem sie sich langsam, aber stetig voneinander entfernten. Die gegenwärtig zu beobachtende Verteilung der Salmler auf zwei durch den Atlantik voneinander völlig isolierten Kontinenten besteht demzufolge schon seit dem geologischen Zeitalter des Tertiärs.

In Amerika bilden einige Gewässer im südlichen Texas die Nordgrenze der Verbreitung von Salmlern. Ihr Vorkommen in Südamerika endet erst weit im Süden des Subkontinents nördlich des 40. Breitengrades in den unteren Abschnitten der Flusssysteme des Rio Paraná und Rio Uruguay sowie südlich des Rio de La Plata im Einzugsgebiet einiger Flüsse Nordpatagoniens. Diese Gewässer liegen bereits weit in subtropischen Gebieten mit einem deutlich ausgebildeten Wechsel der Jahreszeiten. Im Juli und August, das heißt im Winter der Südhalbkugel, können dort durchaus leichte Nachtfröste auftreten, so dass die Wassertemperaturen in den Heimat-

Die Schwimmpflanzendecke aus *Eichhornia azurea* in diesem Lebensraum von Salmlern in Argentinien wurde durch Nachtfrost geschädigt.

25

Durch Brand-
rodung, wie hier
in Brasilien, sind
bereits viele
Lebensräume von
Salmlern zerstört
worden.

gewässern der dort vorkommenden Salmlerarten auf Werte unter 10 °C sinken können. Während des Sommers werden in den Monaten Januar und Februar in den dortigen Gewässern aber durchaus Temperaturen von 30 °C erreicht.

Ein großer Teil des riesigen Verbreitungsgebietes dieser Fische war ursprünglich von tropischem Regenwald bedeckt, und viele Salmler waren infolgedessen auch ursprünglich einmal in diesem Landschaftstyp beheimatet. Insbesondere in der zweiten Hälfte des vergangenen Jahrhunderts sind die Gebiete mit tropischem Primärwald durch den Einfluss des Menschen aber immer kleiner geworden. Vor allem in der Umgebung von Ortschaften und Straßen gibt es heute in allen südamerikanischen Ländern weite Landstriche, die sogar vor zehn oder zwanzig Jahren noch vom Urwald bedeckt waren, jetzt jedoch nur noch Viehweiden oder Ackerland aufweisen. Offenbar hat eine ganze Reihe von Salmlern die drastische Veränderung ihrer Umwelt vertragen, denn diese Arten kommen heutzutage in den Gewässern dieser Kulturlandschaft vor. Untersuchungen darüber, welche Fischarten aus derartigen Lebensräumen aber infolge der ganz anderen ökologischen Bedingungen nach dem Abholzen des Schatten spendenden Waldes inzwischen verschwunden sind, fehlen jedoch.

Daneben gibt es aber auch Salmler, deren Verbreitung natürlicherweise außerhalb der tropischen Regenwälder in überwiegend baumarmen Landschaften liegt. Zu dieser Gruppe zählen beispielsweise die Arten, die aus Gewässern in den weitgehend baumlosen, steppenartigen Ebenen in Venezuela und im Osten Kolumbiens stammen, die als Llanos bezeichnet werden, oder die in den Flüssen und Seen der Grassteppen im Süden Brasiliens und Boliviens oder in Gewässern der Pampa Argentiniens, Uruguays und Paraguays beheimatet sind.

26

Habitatpräferenzen

Innerhalb ihres ausgedehnten Verbreitungsgebietes in Südamerika treten Salmler in unterschiedlichen Gewässertypen auf. Wegen ihrer Formenvielfalt und Anpassungsfähigkeit an ganz verschiedene ökologische Bedingungen wird man nur selten ein Gewässer finden, in dem sich keine Salmler nachweisen lassen: Zu ihren natürlichen Biotopen zählen Flüsse, große Seen, Bäche, Weiher, aber auch Tümpel und winzige Restgewässer, die während der regenarmen Jahreszeit häufig in die Gefahr geraten auszutrocknen. Die einzelnen Arten haben aber ganz bestimmte Habitatpräferenzen, das heißt, sie kommen vorzugsweise an ganz bestimmten Stellen der von ihnen bewohnten Gewässer vor, wo die ihnen besonders zusagenden ökologischen Bedingungen besonders gut verwirklicht sind. Viele Arten besiedeln deshalb vorzugsweise die strömungsfreien oder strömungsarmen Randzonen größerer Gewässer, andere leben dagegen im Bereich des offenen, freien Wassers, bei starker Strömung oder sogar in Stromschnellen. Im Gegensatz dazu ist der bevorzugte Lebensraum insbesondere kleinerer Salmler der ufernahe Bereich des extremen Flachwassers, der einen Wasserstand von nur wenigen Zentimetern aufweist. Einige Salmler ziehen als Lebensraum einen sandigen oder schlammigen, andere einen steinigen oder felsigen Gewässergrund vor. In Gewässern die eine Decke aus Schwimmpflanzen besitzen oder in denen es so genannte schwimmende Wiesen gibt, können Salmler auch unmittelbar

In so genannten schwimmenden Wiesen leben Salmler unmittelbar unter der Wasseroberfläche zwischen den Blättern und Wurzeln der Schwimmpflanzen.

unter der Wasseroberfläche zwischen den Blättern und Wurzeln dieser Pflanzen leben.

Kennzeichnend für die typischen Mikrohabitate von besonders kleinen Salmlern ist, dass sie reich an Versteckmöglichkeiten sind, die den Fischen ausreichend Deckung bieten und ihnen ein recht unauffälliges und heimliches Leben ermöglichen. Nur in seltenen Ausnahmefällen wird dieses

In Urwaldgewässern bietet den Fischen eine dichte Schicht ins Wasser gefallener Blätter die notwendige Deckung.

Schutzbedürfnis durch Wasserpflanzen befriedigt, denn die Gewässer im tropischen Südamerika sind im Allgemeinen arm an submerser Vegetation. In Urwaldgewässern bietet eine dichte Schicht ins Wasser gefallener Blätter die notwendige Deckung. Hinzu kommen Wurzeln, abgestorbene Äste und Zweige. In der baumlosen offenen Landschaft finden die Fische dagegen meist in der überfluteten oder ins Wasser hängenden Landvegetation Schutz, das heißt zwischen Gras und eigentlich emersen Uferpflanzen. Dichte Bestände von Wasserpflanzen sind in den Gewässern des tropischen Südamerikas eine Ausnahme und nur im Klarwasser anzutreffen, das es vor allem in den subtropischen Regionen in Argentinien, Paraguay sowie im Süden Brasiliens und Boliviens häufiger gibt.

Dichte Bestände von Wasserpflanzen sind nur im Klarwasser anzutreffen, das vor allem in den subtropischen Regionen häufiger ist.

Natürliche Lebensräume

Nach ihrer Farbe und dem Grad ihrer Trübung werden in Südamerika drei verschiedene Arten von Gewässern unterschieden, die ihre Entstehung jeweils ganz typischen geologischen, landschaftlichen und klimatischen Bedingungen verdanken. Für die so genannten Weißwasserflüsse, zu denen beispielsweise der Amazonas und viele seiner Quell- und Nebenflüsse zählen, ist ein hoher Gehalt anorganischer Schwebstoffe charakteristisch, der diesen Gewässern ein trübes, lehmgelbes Aussehen verleiht und die Sichtweite häufig auf wenige Zentimeter verringert. Diese Trübstoffe stammen aus dem Bergland der Anden, wo die Weißwasserflüsse ihren Ursprung nehmen.

Im Gegensatz dazu entspringen die Ströme der zweiten Gruppe, zu der unter anderem der Rio Xingú und der Rio Tapajós gehören, in den Gebirgen Zentralbrasiliens und Guayanas oder der Amazonasebene selbst. Diese Gewässer werden als Klarwasserflüsse bezeichnet, weil sie ein sauberes, durchsichtiges Wasser besitzen, das arm an Sedimenten und Trübstoffen ist und häufig eine leicht grüne bis gelbgrüne Farbe zeigt.

Die Gewässer des dritten Typs, die so genannten Schwarzwasserflüsse, zu denen im Amazonasgebiet der Rio Negro, der Rio Cururu, der Rio Mapuera, der Rio Trombetas, der Rio Jari und zahlreiche Gewässer in den Guyanaländern gehören, besitzen zwar ebenfalls ein klares, durchsichtiges Wasser, das aber nicht farblos, sondern tief dunkelbraun, teefarben getönt ist. Die ungewöhnliche Farbe dieser in der Amazonasebene entstehenden Gewässer wird durch große Mengen pflanzlicher Zerfallsprodukte verursacht, die während der Regenzeit in die Flüsse gelangen, wenn sie für Monate den umgebenden Urwald überschwemmen. Selbstverständlich gibt es zwischen diesen drei Gewässertypen eine Reihe von Mischformen.

Für Weißwasserflüsse ist ein hoher Gehalt anorganischer Schwebstoffe charakteristisch, der diesen Gewässern ihr trübes, lehmgelbes Aussehen verleiht.

Klarwasserflüsse besitzen ein sauberes, durchsichtiges Wasser, das arm an Sedimenten und Trübstoffen ist und häufig eine leicht grüne bis gelbgrüne Farbe zeigt.

Schwarzwasserflüsse besitzen ein klares, durchsichtiges Wasser, das aber nicht farblos, sondern tief dunkelbraun, teefarben getönt ist.

Schwarzwasser ist so mineralarm, dass es sich kaum noch von destilliertem Wasser unterscheidet.

Schwarzwasser-Biotope

Die meisten Gewässer Amazoniens zeichnen sich dadurch aus, dass sie pH-Werte im sauren Bereich aufweisen und arm an gelösten Mineralien sind, das heißt, ihre elektrische Leitfähigkeit und sowohl ihre Gesamt- als auch ihre Karbonathärte sind äußerst niedrig. Am deutlichsten sind diese Merkmale im Schwarzwasser ausgeprägt, dessen Mineralarmut oftmals nur noch wenig von dem Salzgehalt destillierten Wassers entfernt ist. In den echten Schwarzwasserflüssen herrschen so extreme Lebensbedingungen, dass sie fast als lebensfeindlich bezeichnet werden können. Ihr an Humusstoffen reiches und äußerst saures Wasser, das nur einen pH-Wert von 3,8 bis 5,5 aufweist, ist antibakteriell und schränkt durch ein vergleichsweise geringes Nahrungsangebot auch eine Besiedlung durch Fische ein. Ein weiteres Merkmal von Schwarzwasser ist seine extreme Armut an gelösten Mineralien. Dadurch liegt die elektrische Leitfähigkeit bei einer Temperatur von 28 °C meist zwischen 10 und 20 Mikro-Siemens, gar nicht selten sogar unter einem Wert von 10 μS/cm, und sowohl die Werte für die Gesamt- als auch die Karbonathärte liegen unter 1 °dH. Dies alles trägt wesentlich dazu bei, dass die Flüsse fast frei von Vegetation sind. Weder Algen noch echte Wasserpflanzen, denen im dunkelbraunen Schwarzwasser das für sie lebensnotwendige Licht fehlt, sind in nennenswerter Anzahl vorhanden. Bei solchen Umweltbedingungen ist es nicht verwunderlich, dass nur vergleichs-

Im typischen Schwarzwasser gibt es kaum echte Wasserpflanzen, da ihnen dort wegen dessen dunkelbrauner Färbung das für sie lebensnotwendige Licht fehlt.

30

weise wenige Salmler bekannt sind, die vorzugsweise in diesem Gewässertyp vorkommen. Beispiele bilden nach meinen Erfahrungen unter anderem viele Ziersalmler aus der Gattung *Nannostomus* und der Neonsalmler *Paracheirodon innesi*. Die meisten im Einzugsgebiet von Schwarzwasserflüssen vorkommenden Salmler bevorzugen jedoch eher Gewässer, die eine Mischung aus Klar- und Schwarzwasser darstellen.

Mit den extremen Wasserwerten im Schwarzwasser hängt zusammen, dass *Salmler*-Arten, die aus Schwarzwasserbiotopen stammen, häufig zu den heiklen Pfleglingen gehören, da ihnen in vielen Gegenden Mitteleuropas aufgrund der dort ganz anderen Eigenschaften des Leitungswassers die optimalen Lebensbedingungen im Aquarium nur unter Schwierigkeiten und mit erheblichem Aufwand zu bieten sind. Insbesondere für ihre erfolgreiche Zucht bilden Wasserwerte, die den Bedingungen im Schwarzwasser angenähert sind, eine wichtige Voraussetzung

Weißwasser-Biotope

Der Amazonas als typischer Weißwasserstrom liefert bei der Wasseranalyse Werte, die sich deutlich von den im Schwarzwasser gewonnenen Ergebnissen unterscheiden. In seinem Einzugsbereich sind die Lebensbedingungen im Vergleich zum Schwarzwasser weit weniger extrem, denn der pH-Wert schwankt zwischen 6,5 und 6,9 und erreicht gelegentlich sogar den Neutralwert. Die elektrische Leitfähigkeit liegt bei 28 °C zwischen 30 und 70 Mikro-Siemens, und die Gesamt- und Karbonathärte erreichen dort häufig Werte von 1-2 °dH. Obwohl diese Messwerte im Vergleich zu den beiden anderen Flusstypen deutlich höher sind, sollte nicht übersehen werden, dass es sich trotzdem um ein Wasser mit äußerst geringer Härte handelt, das in dieser Qualität in Mitteleuropa praktisch kaum angetroffen wird. Auch im Weißwasser gibt es keine echten Wasser-, sondern nur Schwimm- und Sumpfpflanzen, weil das Licht in sedimentreiche, stark getrübte Gewässer nur wenige Zentimeter tief eindringen kann.

In einzelnen Gebieten Südamerikas können die für Weißwasser als typisch angesehenen Wasserwerte jedoch zumindest zeitweise beträchtlich überschritten werden. Beispielsweise habe nicht nur ich in Peru im Einzugsbereich des Rio Ucayali zur Zeit des Niedrigwassers in den natürlichen Lebensräumen von Salmlern im Weißwasser für die elektrische Leitfähigkeit Werte bis 400 µS/cm, für die Gesamt- und Karbonathärte über 10 °dH, und pH-Werte bis 7,5 gemessen.

Im Weißwasser gibt es keine echten Wasser-, sondern nur Schwimm- und Sumpfpflanzen, weil das Licht in die sedimentreichen, stark getrübten Gewässer nur wenige Zentimeter tief eindringen kann.

Weißwasser im Einzugsbereich des Rio Ucayali in Peru.

Da auch das Leitungswasser in vielen Teilen Mitteleuropas diese oder ähnliche Wasserwerte aufweist, lassen sich viele Fische aus den peruanischen Weißwasserbiotopen hier nicht nur problemlos halten, sondern auch züchten, weshalb dem Anfänger, der mit der Haltung von Salmlern noch keine Erfahrungen gesammelt hat, die Pflege jener Arten besonders zu empfehlen ist. Zu den besonders unproblematischen Arten aus dem Flusssystem des Rio Ucayali in Peru gehören beispielsweise die drei Schlanksalmler *Pyrrhulina eleanora*, *Pyrrhulina zigzag* und *Copeina guttata*. Weitere Salmler, die ich im Einzugsgebiet des Rio Ucayali in Weißwasserbiotopen gefangen habe, sind *Astyanax bimaculatus*, *Astyanax maximus*, *Carnegiella myersi*, *Hemigrammus agulha*, *Odontostilbe fugitiva* und *Prionobrama filigera*.

Klarwasser-Biotope

Im Klarwasser bewegen sich die Werte für die wichtigsten Parameter des Wassers in der Regel zwischen den Bereichen, die für Schwarz- und Weißwasser als charakteristisch gelten können. Obwohl in Klarwasserflüssen nur selten dieselben Extremwerte wie im Schwarzwasser gemessen werden, sind auch diese Gewässer im Grunde durch dieselben Merkmale gekennzeichnet. Da sie ebenfalls nährstoffarm sind und nur äußerst geringe Mengen gelöste Mineralien enthalten, gleichen sie gar nicht selten in chemischer Hinsicht beinahe destilliertem Wasser, denn im Amazonasgebiet schwankt ihre elektrische Leitfähigkeit im Allgemeinen zwischen 10 und 50 Mikro-Siemens, und für die Gesamt- und Karbonathärte werden Werte um 1 °dH gemessen.

Auch Klarwasser ist oft sehr stark angesäuert. Als charakteristisch geltende pH-Werte reichen von 4,4 bis 6,6. Wichtig erscheint auch der minimale Gehalt an Stickstoffverbindungen, der die extreme Reinheit des Wassers dokumentiert. Die Werte für Ammonium erreichen höchstens 0,1 mg/l, für Nitrat 0,2 mg/l. In Venezuela und Kolumbien gilt für viele Klarwasserbiotope im Flusssystem des Orinoko, dass alle Parameter des Wassers regelmäßig besonders niedrige Werte aufweisen (pH <6, GH und KH <1 °dH, <10 µS/cm), die sich kaum noch von denen in typischem Schwarzwasser unterscheiden.

Im Süden des Verbreitungsgebietes von Salmlern, das heißt in den Einzugsgebieten des Rio Paraná, des Rio Paraguay und des Rio Uruguay, werden in Klarwasserbiotopen, die dann häufig üppige Bestände von Wasserpflanzen aufweisen dagegen häufig erheblich höhere Wasserwerte gemessen: Die Gesamthärte kann dort 4 °dH, die elektrische Leitfähigkeit 50-100 µS/cm und der pH-Wert 7,5 erreichen.

Unter den Arten, deren Verbreitung sich über die zuletzt genannten Flusssysteme erstreckt, finden sich daher einige, die eine große aquaristische Verbreitung besitzen, weil sie auch höhere Wasserwerte problemlos verkraften und selbst für die erfolgreiche Fortpflanzung nicht unbedingt auf besonders weiches und saures Wasser angewiesen sind, sondern auch eine

Im Klarwasser bewegen sich die Werte für die wichtigsten Parameter in der Regel zwischen den Bereichen, die für Schwarz- und Weißwasser als charakteristisch gelten.

33

mäßige Wasserhärte (<10 °dH) und pH-Werte im leicht alkalischen Bereich (<7,5) tolerieren. Zu dieser ökologischen Gruppe gehören mehrere in der Aquaristik beliebte Salmler aus der Familie Characidae, unter anderem *Gymnocorymbus ternetzi*, *Moenkhausia santaefilomenae* und *Hyphessobrycon callistus*.

In Klarwasser-biotopen gibt es häufig üppige Bestände von Wasserpflanzen.

Wegen der Artenvielfalt und der Individuenzahl der Salmler in der ufernahen Freiwasserzone, fischt die Bevölkerung dort erfolgreich mit Wurf- und Zugnetzen.

Lebensräume in Seen und Flüssen

Die ufernahe Freiwasserzone

Beinahe alle Gewässer im tropischen und subtropischen Südamerika sind Lebensräume einer Vielzahl von Salmlern. Da die einzelnen Arten jedoch, wie bereits in einem früheren Abschnitt ausgeführt wurde, ganz spezielle, oft völlig verschiedene Umweltansprüche und Habitatpräferenzen haben, lassen sich in Flüssen und Seen, die Großbiotope mit zahlreichen ganz unterschiedlichen Lebensräumen darstellen, zusätzlich Makro- und Mikrohabitate als besondere ökologische Zonen unterscheiden, um die natürlichen Lebensbedingungen einzelner Salmler zu beschreiben.

In größeren Seen und Flüssen bildet die Freiwasserzone einen wichtigen Lebensraum vieler Salmler, der jedoch weniger von den aquaristisch interessanten Arten, sondern von den mittelgroßen und großen Salmlern bewohnt ist, die eine nicht unbedeutende kommerzielle Bedeutung haben, weil sie als Speisefische oftmals in großen

Mengen gefangen und dann auf den Fischmärkten verkauft werden. Vor allem in der ufernahen Freiwasserzone, in der es im Unterschied zum uferfernen Freiwasser durch Insekten, Blüten, Früchte und Blätter, die aus der Ufervegetation in das Wasser fallen, für die Fische ein zusätzliches Nahrungsangebot gibt, ist die Artenvielfalt und Individuenzahl im Allgemeinen recht hoch, weshalb die Bevölkerung dort regelmäßig mit Angeln, Wurf-, Stell- und Zugnetzen erfolgreich fischt. Zu den charakteristischen Salmlern dieses Lebensraumes zählen beispielsweise Scheibensalmler aus den Gattungen *Myleus* und *Mylossoma* sowie Barbenoder Saugsalmler aus den Gattungen *Curimata, Prochilodus* und *Semaprochilodus*. Neben diesen Pflanzenfressern sind auch viele große räuberische, fischfressende Salmler, beispielsweise Piranhas aus den Gattungen *Serrasalmus* und *Pygocentrus*, Hundssalmler aus der Gattung *Acestrorhynchus* und Säbelzahnsalmler aus der Gattung *Hydrolycus* vorzugsweise in diesem Lebensraum anzutreffen, der während des Niedrigwassers den sonst im Überschwemmungswald weit verteilten Arten als Rückzugsgebiet dient.

In Seen und Flüssen bildet die Freiwasserzone einen wichtigen Lebensraum vieler mittelgroßer und großer Salmler.

Wasserfälle und Stromschnellen

Besonders auffällige Lebensräume größerer Flüsse bilden Stromschnellen und Wasserfälle. Die Umwelt- und Lebensbedingungen in diesen Habitaten werden ganz wesentlich durch die besonders hohe Strömungsgeschwindigkeit des Wassers, einen hohen Sauerstoffgehalt und einen steinigen oder felsigen Gewässergrund geprägt. Zu den Salmlern, die in diesen Lebensräumen besonders häufig sind, gehören unter anderem einige Grundsalmler aus den Gattungen *Parodon* und *Apareiodon*, Bodensalmler aus der Gattung *Characidium* sowie eine ganze Reihe von Engmaulsalmlern, beispielsweise aus den Gattungen *Sartor* und *Leporinus*. Die meisten dieser Salmler sind Aufwuchsfresser, deren wichtigste Nahrungsgrundlage der auf Steinen und Felsen wachsende Algenrasen und die darin lebenden Kleinlebewesen sind.

Die Lebensbedingungen in Wasserfällen und Stromschnellen werden durch die besonders hohe Strömungsgeschwindigkeit des Wassers, einen hohen Sauerstoffgehalt und einen steinigen oder felsigen Gewässergrund geprägt.

Die Palawa-Ituri-Stromschnellen des Tapanahony in Surinam.

36

Viele Bodensalmler aus der Familie Characidae zeigen in ihrer Anatomie und Morphologie Beispiele einer hochgradigen Anpassung an die speziellen Lebensbedingungen in Gewässern mit einer hohen Strömungsgeschwindigkeit. Besonders augenfällig ist, dass manche Arten eine nicht mehr voll funktionstüchtige Schwimmblase besitzen und deshalb die Fähigkeit verloren haben, im Wasser bewegungslos zu schweben. Den freien Wasserraum, in dem sie sich nur noch recht ungeschickt bewegen, suchen diese Bodensalmler nur selten auf. Meist ruhen sie still auf einer Unterlage, wobei ihnen die Bauch- und häufig auch die Brustflossen als Stützorgane dienen. Ohne heftige Bewegungen der Flossen sinken sie im freien Wasser zu Boden, weshalb sie eine mehr oder weniger hüpfende Fortbewegungsweise haben, die an das Verhalten von Grundeln erinnert. Der Übergang vom freien Schwimmen zum Aufenthalt auf dem Gewässergrund ist bei einem Leben in kräftigen Fließgewässern natürlich von Vorteil, weil dadurch für die Fische die Gefahr geringer ist, von der Strömung fortgerissen zu werden. Weitere Anpassungserscheinungen erleichtern manchen Bodensalmlern nicht nur in extrem starker Strömung das Festhalten am Substrat, sondern ermöglichen einzelnen Arten sogar das Hinaufklettern von Wasserfällen.

Sandstrände und Sandbänke

Der Lebensraum in Flüssen und Seen, der besonders ins Auge fällt, sind freie Sandflächen in der Nachbarschaft von Sandbänken und -stränden. Insbesondere während des jahreszeitlich bedingten Niedrigwassers, wenn der Wasserstand der Flüsse drastisch sinkt, bilden sich im Flussbett am Gleithang oft zahlreiche Sandbänke, die eine beträchtliche Ausdehnung erreichen können. Über den freien Sandflächen, die in unmittel-

links:
Leporinus maculatus aus den Palawa-Ituri-Stromschnellen des Tapanahony in Surinam.

rechts:
Als Anpassung an das Leben in stark strömendem Wasser haben manche Bodensalmler keine voll funktionstüchtige Schwimmblase und suchen deshalb den freien Wasserraum nur selten auf.

unten:
Zwergsalmler aus dem ufernahen Flachwasserbereich mit schlammigem Untergrund aus dem Rio San Martin in Bolivien

37

Ein Lebensraum in Flüssen und Seen, der besonders ins Auge fällt, sind freie Sandflächen.

Während des Niedrigwassers treten am Gleithang des Rio San Martin in Bolivien zahlreiche Sandbänke auf.

Im Flussbett des Rio Guaporé in Brasilien bilden sich während des jahreszeitlich bedingten Niedrigwassers Sandbänke von beträchtlicher Ausdehnung.

barer Nähe von flachen, sandigen Uferbereichen liegen und in denen es keine Versteckmöglichkeiten gibt, leben nur verhältnismäßig wenige Fische, die eine große Fluchtdistanz haben.

Zwar gibt es eine ganze Reihe von Welsen und auch Buntbarschen, die bevorzugt in diesem Lebensraum auftreten, da sie ihre Nahrung im weichen Gewässergrund suchen. Salmler sind dort, abgesehen von Jungfischschwärmen im extremen Flachwasserbereich, jedoch ausgesprochen selten. Allerdings gibt es offenbar auch eine Anzahl von bisher wenig erforschten Zwergsalmlern, deren Vorkommen offenbar auf den ufernahen Flachwasserbereich mit schlammigem Untergrund beschränkt ist (ARENDT, 2007). Im tieferen Wasser treten in derartigen Lebensräumen die räuberischen Piranhas aus den Gattungen *Serrasalmus* und *Pygocentrus* häufiger auf.

Schwimmende Wiesen

Im tropischen und subtropischen Südamerika treten an der Oberfläche der meisten größeren Seen und Flüsse ausgedehnte, teppichartige Bestände von Schwimmpflanzen, so genannte schwimmende Wiesen auf, die hauptsächlich von den Wasserhyazinthen *Eichhornia crassipes* oder *Eichhornia azurea* gebildet werden. Zusätzlich sind häufig auch noch die Muschelblume (*Pistia stratiotes*), Algenfarne aus der Gattung *Azolla* oder Schwimmfarne aus der Gattung *Salvinia* an der Entstehung derartiger Schwimmpflanzendecken beteiligt. Zwischen den großen Rosetten der Wasserhyazinthen, die oft weit vom Ufer entfernt mit ihren

dicken, zu rundlichen Schwimmkörpern umgestalteten Blattstielen unmittelbar unter der Wasseroberfläche zahlreiche Spalten und Nischen bilden und mit ihrem dichten, tief ins Wasser hängenden Wurzelwerk weitere zusätzliche Versteckmöglichkeiten bieten, halten sich neben Fischen aus anderen Verwandtschaftskreisen auch viele kleinere Salmler auf. Zu den Arten, die ich in diesem Lebensraum besonders häufig gefangen habe, zählen mehrere Ziersalmler aus der Gattung *Nannostomus*, Beilbauchsalmler aus den Gattungen *Gasteropelecus* und *Thoracocharax* sowie einige *Aphyocharax*- und *Hyphessobrycon*-Arten.

An der Oberfläche von Seen und Flüssen bilden Bestände der Wasserhyazinthen *Eichhornia crassipes* den Lebensraum vieler kleinerer Salmler.

39

Der Überschwemmungswald

Ein wichtiger Faktor, der die ökologischen Bedingungen in den natürlichen Lebensräumen von südamerikanischen Salmlern nachhaltig beeinflusst, ist der für das gesamte Amazonasbecken typische jahreszeitliche Wechsel zwschen einer Hochwasser- und einer Niedrigwasserperiode, durch den der Wasserstand aller Flüsse regelmäßig um bis zu zehn Meter oder sogar noch mehr ansteigt (SIOLI, 1984) und wieder fällt. Mit steigendem Wasserstand ziehen viele Fische flussaufwärts und verbreiten sich, indem sie dem ansteigenden Wasser folgen, über ein riesiges Gebiet. Besonders kleinere Salmlerarten, deren Lebensraum die äußersten Randzonen der Gewässer im Bereich des extrem flachen Wassers bilden, müssen mit dem Beginn des Hochwassers, wenn die Flüsse weit über ihre Ufer treten und benachbartes Land überschwemmen, der weit in den umgebenden Urwald hineinwandernden Uferzone folgen. Aber auch die großen Salmler, insbesondere die Pflanzenfresser, verlassen das Flussbett und ziehen weit in den Überschwemmungswald hinein, da sie dort in den unter Wasser stehenden Büschen und Bäumen ein reiches Nahrungsangebot an Blättern und Früchten, aber auch Insekten vorfinden. Da es in der Hochwasserzeit das reichhaltigste Nahrungsangebot gibt, fällt die Laichzeit der meisten Arten in diese Periode.

Bei fallendem Wasserstand, wenn sich die Gewässer wieder in ihr eigentliches Flussbett zurückziehen, müssen diese Salmler dann erneut, diesmal aber in die andere Richtung ziehen. Viele von ihnen kommen auf dieser Wanderung um, weil

Die ökologischen Bedingungen im Überschwemmungswald werden durch den jahreszeitlichen Wechsel zwischen Hoch- und Niedrigwasser beeinflusst. Der maximale Wasserstand ist durch die Verfärbung am oberen Baumstamm markiert.

1 Bei fallendem Wasserstand werden viele Salmler in Bodensenken in Restgewässern gefangen.

2 Im abgetrockneten Überschwemmungswald ist der Wasserstand während des Hochwassers als dunkle Verfärbung an den Baumstämmen zu erkennen.

3 Zu Beginn des Niedrigwassers gibt es im Überschwemmungswald zahlreiche Restgewässer mit Salmlern.

Sozialverhalten

Mit Ausnahme einiger meist räuberischer Arten, beispielsweise den Raubsalmlern (Erythrinidae) aus den Gattungen *Hoplias, Erythrinus* und *Hoplerythrinus*, sind Salmler grundsätzlich gesellige, sozial lebende Fische, die deshalb nicht einzeln oder paarweise, sondern zusammen mit einer Gruppe von mehreren Artgenossen im Aquarium gepflegt werden sollten.

In der Aquaristik werden alle Salmler deshalb oft pauschal als Schwarmfische bezeichnet. Diese grob verallgemeinernde Kennzeichnung trifft jedoch für die meisten Arten nicht zu, obwohl sich viele vorübergehend und zeitlich begrenzt in Schwärmen zusammenfinden.

1 Salmler sind grundsätzlich gesellige, sozial lebende Fische, die in der Natur in einer Gruppe von mehreren Artgenossen leben.

2 Wenige Salmler sind wirkliche Schwarmfische (Unterwasseraufnahme aus dem oberen Ucayali-Einzug in Peru).

3 Obwohl nur wenige Salmler echte Schwarmfische sind, sollten sie dennoch in einer Gruppe von mehreren Artgenossen im Aquarium gepflegt werden.

4 Viele Scheibensalmler leben in der Natur in Schwärmen (Unterwasseraufnahme aus dem Lago Largo in Bolivien).

Unter einem Schwarm wird in der Verhaltensbiologie ein anonymer Verband verstanden, dessen Mitglieder sich nicht untereinander individuell kennen und die in der Gruppe keine besondere Stellung oder Funktion haben. Im Schwarm gibt es folglich zwischen seinen Mitgliedern keine engere Beziehung und keinen Anführer, sondern alle sind sozial gleichwertig. Ein weiteres Kennzeichen von Schwärmen ist häufig ihr ständiger Ortswechsel.

53

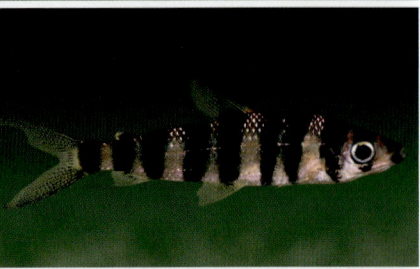

Die Zusammenführung von mehreren Individuen zu einer Gruppe, einem Trupp, Schwarm oder anderen Sozialverband wird durch die so genannte soziale Appetenz bewirkt, das heißt durch den Trieb, Anschluss an Artgenossen zu finden und mit ihnen in Gemeinschaft zu leben. Der Zusammenhalt in dem jeweiligen Sozialverband wird dann durch die gegenseitige soziale Attraktion gewährleistet, das heißt die von den Artgenossen ausgehende, auf das Individuum wirkende Anziehungskraft.

Die Vergesellschaftung und Bildung eines Schwarmes oder einer Gruppe wird aber nicht nur durch die genannten inneren, sondern auch durch äußere Faktoren verursacht und ausgelöst. Beispielsweise fördert eine plötzlich auftretende Gefahr die Bereitschaft, sich im Schwarm zusammenzuschließen.

Zu den echten, obligatorischen Schwarmfischen, die in der Natur ständig in einem Sozialverband vergesellschaftet sind, der obiger Definition entspricht, zählen unter anderem die Keulensalmler (Hemiodontidae) aus der Gattung *Hemiodopsis*, viele Barbensalmler (Curimatidae) aus den Gattungen *Prochilodus* und *Semaprochilodus* und manche Engmaulsalmler (Anostomidae) aus der Gattung *Leporinus*. Ein gemeinsames Merkmal der genannten Schwarmfische bilden sehr auffällige, meist besonders farbige Zeichnungen, die sie auf ihrem Körper oder auf den Flossen tragen. Die *Hemiodopsis*-Arten besitzen auf dem Körper oder in ihrer Schwanz-

von oben:
Die auffälligen, artspezifisch geformten und angeordneten farbigen Zeichnungen bei *Hemiodopsis*-Arten stärken die gegenseitige soziale Attraktion und den Zusammenhalt im Schwarm.

Die farbigen Zeichnungsmuster in den Flossen von *Semaprochilodus*-Arten dienen als visuelle Signale, welche die soziale Appetenz auslösen und die soziale Attraktion der Artgenossen verstärken.

Leporinus-Arten tragen auf ihrem Körper artspezifische kontrastreiche Muster aus Flecken oder Bändern, die den Zusammenhalt des Schwarmes fördern.

Einer der wenigen wirklichen Schwarmfische unter den in der Aquaristik besonders beliebten Kleinsalmlern ist der Rotkopfsalmler *(Hemigrammus bleheri)*.

Nur in außergewöhnlich geräumigen Behältern kann der Rotkopfsalmler sein Schwarmverhalten zeigen.

Der Beilbauchsalmler *Gasteropelecus sternicla* lebt in der Natur zumindest zeitweilig in Schwärmen.

54

von oben:
Männchen von *Aphyocharax rathbuni* und vielen anderen Salmlern zeigen bei der Abgrenzung von Revieren ritualisierte Kommentkämpfe.

Zwei Männchen von *Hyphessobrycon sweglesi* verteidigen ihre Reviere unter Breitseitdrohen in einem ritualisierten Kommentkampf.

Männchen von *Hyphessobrycon eques* beim ritualisierten Austeilen von Schwanzschlägen

flosse schwarze Längsstreifen, Querbänder oder Punkte, die häufig zusätzlich rot abgesetzt sind. Viele *Semaprochilodus*-Arten haben kontrastreich schwarz und gelb gestreifte Schwanzflossen, und auch die meisten *Leporinus*-Arten tragen auf ihrem Körper kontrastreiche Muster aus Flecken und Bändern. Diese auffälligen, artspezifisch geformten und angeordneten Zeichnungsmuster dienen als visuelle Signale, welche die soziale Appetenz auslösen und die soziale Attraktion der Artgenossen verstärken.

Einer der wenigen wirklichen Schwarmfische unter den in der Aquaristik besonders beliebten Kleinsalmlern ist der Rotkopfsalmler (*Hemigrammus bleheri*), der bezeichnenderweise eine ähnlich kontrastreich schwarz und weiß gezeichnete Schwanzflosse wie manche *Semaprochilodus*-Arten besitzt. Wie ich in Peru und Kolumbien auch durch Unterwasserbeobachtungen wiederholt feststellen konnte, ziehen die Rotkopfsalmler

in teils größeren, teils kleineren Schwärmen durch ihre natürlichen Lebensräume. Im Aquarium können die Fische diese Verhaltensweise natürlich nur in außergewöhnlich geräumigen Behältern zeigen. Auch Beilbauchsalmler leben in der Natur zumindest zeitweilig in Schwärmen.

Die meisten der im Aquarium gepflegten Salmlerarten sind zwar durchaus gesellig, zeigen jedoch ein Schwarmverhalten nur vorübergehend und als Reaktion auf bestimmte Umweltreize und sind deshalb höchstens fakultative Schwarmfische. Normalerweise bilden sie eher individualisierte Verbände, deren

55

Mitglieder unter Wahrung eines ganz bestimmten Individualabstandes zu einer Gruppe zusammenfinden. Insbesondere unter den Männchen, die während der Balz territorial werden, lässt sich oftmals eine Rangordnung erkennen. Bei der Abgrenzung und Verteidigung von Revieren zeigen auch Salmler ein ritualisiertes Kampfverhalten, das fast alle für Buntbarsche beschriebene Verhaltenselemente

enthält. Während derartiger Kommentkämpfe lassen sich bei diesen Fischen Imponierverhalten, Breitseitdrohen, Schwanzschläge, Karussellschwimmen, Rammstöße und Unterlegenheitsgesten beobachten (MARKL, 1972). Beim Auftreten einer vermeintlichen Gefahr, beispielsweise durch das Einsetzen eines größeren Fisches oder durch mit der Hand im Aquarium vorgenommene Pflegemaßnahmen, bilden die Fische aber in der Regel sofort einen Schwarm.

Während der Balz und des Ablaichens kommt es zwischen Männchen und Weibchen zu besonders interessanten Interaktionen. In den Anfangsphasen der Balz sind das Imponierverhalten des Männchens sowie meist paralleles Kontaktschwimmen, Kreisschwimmen und Rammstöße zu beobachten. Es folgen flatternde Locktänze des Männchens und ruckartige Nachfolgereaktionen des Weibchens. Eier und Spermien werden schließlich von den beiden Fortpflanzungspartnern in einer Drehbewegung gleichzeitig abgegeben. Die Ausführung der vorstehend aufgezählten Verhaltenselemente und ihre Dauer werden meist durch artspezifische Besonderheiten abgewandelt.

von oben:
Nannostomus sp. cf. *marginatus* „Rot" während der Balz.

Das imponierende Männchen (links) von *Nannostomus unifasciatus* spreizt während der Balz seine Kiemendeckel ab.

Balzendes Paar des Sritzsalmlers (Copella arnoldi).

56

Fortpflanzungsbiologie

Die Mehrzahl der im Aquarium gepflegten Salmler gibt die Eier und Spermien als Bodenlaicher am Gewässergrund, als Substratlaicher auf Blättern, Wurzeln, anderen pflanzlichen Unterlagen und Steinen oder als so genannte Freilaicher in das freie Wasser ab, kümmert sich dann aber nicht mehr um die befruchteten Eier und die Fischlarven. Deshalb ist weitgehend unbekannt, dass es auch eine ganze Anzahl von Salmlern aus verschiedenen Familien mit äußerst interessanten Formen von Brutfürsorge und Brutpflege gibt, deren Vielfalt mit den bei Buntbarschen verbreiteten Verhaltensweisen durchaus zu vergleichen ist (EVERS, 1998).

Am weitesten bekannt dürfte die Brutpflege der Schlanksalmler (Lebiasinidae) aus der Unterfamilie Pyrrhulininae sein, da diese Fische häufig im Aquarium gepflegt werden. Der Forellensalmer (Copeina guttata) ist bei der Wahl des Laichplatzes recht anpassungsfähig, denn er legt die Eier auf Blättern, Steinen oder auch in einer vorher mit Hilfe von Flossenschlägen im Sand ausgehobenen flachen kleinen Grube ab. Sobald das Gelege vollständig ist, beginnt das Männchen mit seiner Brutpflege, indem es anfangs die Eier und später die Larven befächelt, säubert und bewacht.

Die Männchen von Copella metae bewachen das Gelege und die Larven.

Die meisten Copella-Arten, unter anderem Copella metae und C. nigrofasciata, laichen dagegen gern dicht unter der Wasseroberfläche auf der Oberseite größerer Pflanzenblätter. Auch bei diesen Arten sind es die Männchen, die das Gelege und die Larven bewachen und durch Befächeln pflegen. Eine recht ausgefallene Abwandlung dieser Form der Brutpflege lässt sich beim Spritzsalmler (Copella

Der Spritzsalmler (Copella arnoldi) hat eine besonders interessante Brutpflege.

57

arnoldi) beobachten, denn diese Art laicht außerhalb des Wassers an der Unterseite von Blättern der Ufervegetation. Dabei springen das Männchen und das Weibchen gleichzeitig bisweilen über zehn Zentimeter hoch aus dem Wasser, um das Laichsubstrat zu erreichen. Je Paarungssprung werden vom Weibchen zwischen fünf und zehn Eier abgegeben. Nach der Beendigung des Ablaichens pflegt dann der männliche Fisch das Gelege, indem er durch Schläge mit der Schwanzflosse regelmäßig und in gewissen Abständen Wasser auf die Eier spritzt, um sie vor dem Austrocknen zu bewahren. Nach dem Schlüpfen werden die Jungfische mit dem Spritzwasser vom Blatt in das Gewässer gespült, und das Männchen beendet seine Brutpflege.

Der Große Prachtsalmler *(Crenuchus spilurus)* ist ein Höhlenbrüter mit einer Vaterfamilie.

Bei *Copella nattereri* wurde ebenfalls beobachtet (HOFFMANN, 1991), dass die Fische genauso wie der Spritzsalmler außerhalb des Wassers, aber auf der Oberseite von Schwimmblättern laichen. Das Paar springt ebenfalls gemeinsam aus dem Wasser, um Eier und Spermien gleichzeitig auf dem Blatt abzugeben. Anschließend bewacht das Männchen das Gelege ebenso wie bei den anderen *Copella*-Arten bis zum Schlüpfen der Jungfische.

Alle bisher im Aquarium zur Fortpflanzung gebrachten *Pyrrhulina*-Arten laichen auf der Oberfläche eines Blattes einer breitblättrigen Wasserpflanze, das vorher vom Männchen gesäubert wurde. Auch in dieser Gattung bewacht das Männchen das Gelege bis zum Schlupf der Jungen.

Obwohl die drei so genannten Prachtsalmler, die neuerdings in der Unterfamilie Crenuchinae der Characidae zusammengefasst werden, nur gelegentlich einmal importiert und daher selten gepflegt werden, ist die Brutbiologie von zwei Arten gut dokumentiert, da es Aquarianern gelungen ist, diese Fische im Aquarium zu züchten. Der so genannte Große Prachtsalmler (*Crenuchus spilurus*) laicht mit dem Bauch nach oben an der Decke von höhlenartigen Versteckplätzen. Anschließend betreibt das Männchen eine intensive Brutpflege und hält potenzielle Fressfeinde vom Gelege und den Larven fern, bis die Jungen bereits sehr frühzeitig die Bruthöhle verlassen (FREYHOF, 1988). Mit diesem Zeitpunkt endet die Brutpflege des Vaters. Aus einem Zuchtbericht von SUTTNER (1991) geht hervor, dass *Peocilocharax weitzmanni* ebenfalls ein Höhlenbrüter ist und dass die Brutpflege in einer

Vaterfamilie mehr oder weniger genauso wie beim Großen Prachtsalmler verläuft.

Auch die Brutbiologie des Regenbogen- oder Cichlidensalmlers (*Rhoadsia altipinna*) aus der Familie Characidae ist sowohl durch Unterwasserbeobachtungen in den natürlichen Lebensräumen als auch durch die Nachzucht im Aquarium gut dokumentiert (GARBE, 1995), obwohl die Art nur selten importiert und gehalten wird. Dominante Männchen sind territorial und verteidigen in der Natur ein Revier mit einem Durchmesser von ungefähr einem Meter. In seinem Zentrum liegt eine etwa zwanzig Zentimeter große flache Laichgrube, in der das Männchen nacheinander mit mehreren Weibchen ablaichen kann. Die stark klebenden Eier sinken zum Boden der Grube, die vom Männchen intensiv bewacht und verteidigt wird.

Peocilocharax weitzmanni ist ebenfalls ein Höhlenbrüter.

Die auf dem Boden der Laichgrube liegenden Eier werden vom Männchen des Cichlidensalmlers *(Rhoadsia altipinna)* intensiv bewacht.

59

Die Jungen schwimmen bereits nach zwei Tagen auf. Der Jungfischschwarm, der aus mehreren unterschiedlich alten Bruten bestehen kann, wird vom Männchen bis zu fünf Wochen lang behütet und gegen Fressfeinde verteidigt.

Eine Vaterfamilie, bei der der männliche Fisch ebenfalls keine direkten Pflegehandlungen an den Eiern oder Larven durchführt, beschrieben SUTTNER (1994) und EVERS (1995) für die beiden Salmler *Pseudochalceus kyburzi* und *Nematocharax venustus* aus der Unterfamilie Tetragonopterinae. Bei diesen beiden Arten übt das standorttreue Männchen nur eine indirekte Brutpflege aus, indem es sein Brutrevier intensiv gegen Fressfeinde seiner Jungen verteidigt.

Auch Piranhas haben eine intensive Brutpflege, die insbesondere durch die Beobachtung im Aquarium für mehrere Arten dokumentiert (u. a. HARTL, 1979; SCHMITT, 1983) ist. Männchen und Weibchen heben im weichen, sandigen Gewässergrund gemeinsam eine Grube aus, in der die stark klebenden Eier abgelegt werden. Im trüben Weißwasser wird der Laich dagegen gern dicht unter der Wasseroberfläche zwischen Schwimmpflanzen, beispielsweise den Wurzeln von Wasserhyazinthen (*Eichhornia* spp.) deponiert. Nach Beendigung des Laichvorganges übernimmt das Männchen die Versorgung und Verteidigung des Geleges und der Larven, wobei die Fische in der Natur verschiedentlich badende Menschen angegriffen und gebissen haben. Nur bei einigen Arten verteidigt auch das Weibchen die Reviergrenzen. Mit dem Aufschwimmen der Jungfische endet die Brutpflege.

Eine weitere, besonders interessante Form der Fortpflanzungsbiologie ist zwar bisher schon bei über sechzig Salmlerarten aus 35 verschiedenen Gattungen nachgewiesen worden (BURNS & WEITZMAN, 2005), aber bei Weitem noch nicht vollständig erforscht, da sie hauptsächlich bei Arten auftritt, die in der Natur recht selten sind, deshalb nur ausnahmsweise einmal importiert werden und folglich in der Aquaristik kaum bekannt sind. Im Unterschied zu der Mehrzahl der anderen Salmler, bei denen die Männchen mehr oder weniger synchron mit der Abgabe der Eier durch das Weibchen die Spermien nach außen in das Wasser ausstoßen, wo dann die Befruchtung stattfindet, deponieren die Männchen von Arten mit einer Samenübertragung bei der Paarung ihre Spermien im Körper der Weibchen.

Dazu übertragen die Männchen während der Paarung Spermienpakete, so genannte Spermatophoren oder Spermatozeugmen, auf die Weibchen. Anschließend kommt es im weiblichen Fisch jedoch nicht zu einer inneren Befruchtung, denn die Samenzellen verschmelzen nicht mit den Oozyten in den Eierstöcken, sondern sie werden dort lebend gespeichert, in einem genauer untersuchten Fall mehrere Monate lang. Diese weiblichen Salmler geben daher später beim Ablaichen keine befruchteten Eier ab, sondern deren Befruchtung findet erst einige Zeit nach der Besamung statt, wenn das Weibchen ohne die Anwesenheit eines männlichen Fisches gleichzeitig die Oozyten, die dann aufquellen und zu Eiern werden, und die Spermien in das Wasser ausstößt. Bei manchen dieser Arten wurde sogar eine Vorratsbesamung nachgewiesen, bei der eine einzige Besamung des Weibchens für mehrere Laichabgaben ausreicht.

Eine Samenübertragung wurde für Salmler aus der Unterfamilie Glandulocaudinae (beispielsweise bei *Lophiopbrycon-*, *Glandulocauda-* und *Mimagoniates*-Arten) sowie für die etwa fünfzig meist kleinen bis sehr kleinen Salmler-Arten (Standardlänge 12-60 Millimeter) aus den in der Aquaristik weitgehend unbekannten Gattungsgruppen Landonini, Diapomini, Phenacobryconini, Hysteronotini, Stevardiini und Xenurobryconini aus der Unterfamilie Stevardiinae nachgewiesen. Hinzu kommen mehrere zumeist erst in den letzten Jahren neu beschriebene Arten aus den Gattungen *Bryconadenos, Cyanocharax, Hypobrycon, Knodus* und *Monotocheirodon*, deren genaue Stellung innerhalb der Familie Characidae zumeist noch als ungeklärt gilt. Schließlich ist eine Samenübertragung auch in der Gattungsgruppe Compsurini der Unterfamilie Cheirodontinae sowie in der Unterfamilie Tetragonopterinae beobachtet worden.

In der Aquaristik haben von den zahlreichen Salmlern mit einer Samenübertragung bisher nur wenige Arten, unter anderem aus der Unterfamilie Stevardiinae der Drachenflosser (*Pseudocorynopoma doriae*), der Zwergdrachenflosser (*Corynopoma riisei*), mehrere *Gephyrocharax*-Arten, zwei *Tyttocharax-* und *Pterobrycon*-Arten sowie *Chrysobrycon hesperus*, aus der Unterfamilie Glandulocaudinae die drei Arten *Mimagoniates lateralis*, *M. microlepis* und *M. tenuis* sowie aus der Unterfamilie Tetragonopterinae bzw. Creagrutinae der Goldbandsalmler (*Creagrutus beni*) und der Doppelstreifen-Tetra (*Creagrutus brevipinnis*) einen gewissen Bekanntheitsgrad erlangt.

Salmler als Aquariumfische

Prachtsalmler (Crenuchidae)

Im Gegensatz zu Buntbarschen, Labyrinthfischen, aber auch Killifischen und Welsen, die häufig als verhaltensbiologische Studienobjekte im Aquarium gehalten werden, sind Salmler oftmals nur Pfleglinge, weil sie in einem so genannten Gesellschaftsaquarium ein belebendes Element bilden. Im Folgenden werden jedoch Vertreter dieses Verwandtschaftskreises vorgestellt, die ganz und gar nicht in das Klischee des attraktiv gefärbten, aber vom Verhalten her uninteressanten Schwarmfisches passen.

Dass die so genannten Prachtsalmler eine Reihe besonderer Merkmale aufweisen, lässt sich bereits an ihrer Stellung im System der Fische ablesen, denn obwohl bisher nur drei Arten beschrieben sind, werden diese innerhalb der Fischfamilie der Crenuchidae in einer eigenen kleinen Unterfamilie Crenuchinae (BUCKUP, 2003) zusammengefasst, die nur die beiden Gattungen *Crenuchus* und *Poecilocharax* enthält, von denen die erste bloß aus einer einzigen Art besteht.

Neben dem Namen Prachtsalmler werden für die drei Arten in der Aquaristik auch die im Grunde irreführende Bezeichnung Kleine Raubsalmler verwendet, denn charakteristische Merkmale aller Prachtsalmler sind neben einer bei den Männchen auffallend verlängerten, segelartigen Rückenflosse, einer kurzen Afterflosse sowie einem deutlichen Sexualdimorphismus insbesondere das große, tief gespaltene Maul. Erstaunlich ist, dass über diese Fische, die leider nur gelegentlich im Zoofachhandel auftauchen und daher entsprechend selten gepflegt werden, im letzten Jahrzehnt über ein Dutzend Aufsätze in den deutschen Aquarienzeitschriften publiziert wurden. Von ganz wenigen Ausnahmen abgesehen, ist der Informationsgehalt dieser Artikel jedoch enttäuschend gering. Genaue Angaben über die natürlichen Lebensräume dieser Salmler fehlen bisher vollständig.

62

Pflege im Aquarium

Bedauerlicherweise werden die Prachtsalmler wegen ihres großen, tief gespaltenen Maules häufig als Raubsalmler bezeichnet, denn dieser Name suggeriert eine völlig falsche Vorstellung von ihrer Lebens- und Ernährungsweise. Nach meinen Erfahrungen, die im Gegensatz zu Informationen in der aquaristischen Literatur stehen, sind Prachtsalmler trotz ihrer verhältnismäßig riesigen Mäuler mit Sicherheit keine Fisch fressenden Räuber. In ihren natürlichen Lebensräumen dürften sie sich hauptsächlich von kleinen Krebsen und Anflugnahrung in Form von Insekten ernähren, die auf die Wasseroberfläche fallen. Nach einer längeren Eingewöhnungsphase fraßen *Crenuchus spilurus* und *Poecilocharax weitzmani* bei mir im Aquarium sogar Flockenfutter, doch sollte die Verwendung derartiger Futtermittel bei diesen Salmlern die Ausnahme sein. Weitzmans Prachtsalmler wurde als Schwarmfisch charakterisiert (Riehl & Baensch, 1990: 147). Diese Kennzeichnung ist jedoch ebenfalls unzutreffend. Erwachsene Fische aller Prachtsalmler zeichnen sich vielmehr dadurch aus, dass sie einen bevorzugten Standplatz besitzen, den sie gegenüber Artgenossen verteidigen. Insbesondere zwischen den Männchen kommt es deshalb häufig zu ritualisierten Kämpfen, falls die Individualdistanz unterschritten wird.

Männchen von *Crenuchus spilurus* aus dem Einzugsgebiet des Rio Ucayali in Peru.

Diese Aquarienbeobachtungen stehen im Einklang mit meinen Beobachtungen an den natürlichen Lebensräumen. Ich habe nämlich niemals zwei Männchen an genau derselben Stelle gefangen, was ein Anzeichen dafür ist, dass sie Revier bildend sind. Eine Schlussfolgerung aus den vorstehend beschriebenen Eigenheiten der Prachtsalmler ist, dass sie sich nur in üppig bepflanzten Aquarien wohl fühlen, die ausreichend Sichtschutz bieten und die Abgrenzung von Territorien ermöglichen. Alle drei Arten sind im Aquarium sehr ruhige, manchmal sogar ausgesprochen scheue Pfleglinge mit einer recht versteckten Lebensweise. Gegenüber anderen, insbesondere sehr lebhaften Fischen, zeigen sie wenig Durchsetzungsvermögen.

63

Sie eignen sich deshalb auf gar keinen Fall für ein normales Gesellschaftsaquarium, sondern sollten in einem besonderen Behälter gehalten werden, der unter Beachtung ihrer Lebensbedürfnisse eingerichtet wurde. Ferner sollte man diese Salmler nicht paarweise pflegen, da man sie dann kaum zu Gesicht bekommt, sondern ein halbes Dutzend oder sogar noch mehr Fische erwerben. Als weitere Bewohner eines derartigen Aquariums kommen Zwergbuntbarsche aus der Gattung *Apistogramma* in Frage, mit denen sie auch in den natürlichen Biotopen zusammen vorkommen.

Wiederholt wurden Prachtsalmler in der aquaristischen Literatur als schwierige und heikle Pfleglinge charakterisiert (u. a. RIEHL & BAENSCH, 1990: 147). Dies ist jedoch in dieser pauschalen Formulierung unzutreffend. Obwohl sie aus Lebensräumen mit extremen Wasserwerten stammen, haben sich die beiden bekannteren Arten bei mir auch in mittelhartem Wasser und bei pH-Werten im alkalischen Bereich als anspruchslos und langlebig erwiesen. Die erfolgreiche Fortpflanzung, die bisher nur ganz vereinzelt dokumentiert wurde, wird unter derartigen Bedingungen allerdings kaum gelingen. Für ambitionierte und engagierte Aquarianer bieten sich alle drei Prachtsalmler als besonders lohnende Studienobjekte an, weil ihre Biologie erst lückenhaft bekannt ist.

Crenuchus spilurus GÜNTHER, 1863

Männchen von *Crenuchus spilurus* sind an ihren vergrößerten Flossen zu erkennen.

Typusfundort des Großen Prachtsalmlers ist das Einzugsgebiet des Essequibo River in Guyana. Seine Verbreitung erstreckt sich über Gewässer in den Guyanaländern sowie Teile der Einzugsgebiete des Amazonas und Orinoko. Fundorte sind aus den drei Guyana-Ländern, Kolumbien, Brasilien, Venezuela und Peru bekannt.

Ich fing diese Fische in Guyana, in Surinam, am Rio Solimões südlich der Stadt Manaus (Brasilien) und im Einzugsgebiet des unteren Rio Ucayali (Peru).

Ausgewachsene Männchen, die unschwer an ihrer kräftigeren Färbung und ihrer vergrößerten fahnenartigen Rückenflosse zu erkennen sind, können im Aquarium eine Gesamtlänge von knapp sieben Zentimetern erreichen. Weibliche Fische bleiben dage-

64

gen deutlich kleiner. Die rotbraun gefärbten Fische tragen auf ihrer Schwanzwurzel einen großen länglichen schwarzen Fleck, der mit dem Rand des Kiemendeckels oft durch einen unten dunkel begrenzten hellen Längsstreifen verbunden ist. Alle nicht paarigen Flossen haben schmale orangerote Säume und tragen ein Muster heller Tüpfel.

Weibchen des Großen Prachtsalmlers.

Nach meinen Beobachtungen lebt dieser Salmler in den strömungsfreien oder strömungsarmen Bereichen kleinerer Gewässer, wo er in unmittelbarer Nähe des Ufers in der überfluteten oder ins Wasser reichenden Landvegetation Schutz findet. Eine Wasseranalyse, die in Brasilien an einem im Einzugsgebiet des Rio Solimões gelegenen Fundort in der Umgebung von Manaus vorgenommen wurde, ergab bei einer Wassertemperatur von 28 °C eine Leitfähigkeit von 70 Mikrosiemens. Der pH-Wert betrug 6,9. Sowohl die Gesamt- als auch die Karbonathärte lagen unter der Nachweisgrenze von 1°dH.

Im Norden Perus fing ich die Fische östlich der Ortschaft Jenaro Herrera mehrfach in typischen Schwarzwasserbiotopen, die einen pH-Wert von 5,5 hatten. Bei Wassertemperaturen zwischen 24 und 27 °C erreichte die elektrische Leitfähigkeit dort maximal 14 Mikrosiemens. Die Härte lag immer unter der Nachweisgrenze der verwendeten Reagenzien von 1°dH.

In Guyana konnte ich *Crenuchus spilurus* in mehreren Schwarzwasserbächen, die den Linden Highway kreuzen, bei folgenden Wasserwerten nachweisen: Wassertemperatur 24 °C, pH 4,1-4,2, elektrische Leitfähigkeit 30-40 µS/cm, < 1 °dGH und °dKH.

In Surinam fand ich die Fische beispielsweise im Catarina Kreek im klaren, dunkelbraunen Schwarzwasser zwischen Beständen von *Cabomba aquatica*. Messungen an mehreren ganz ähnlichen Fundorten hatten folgende Ergebnisse: Wassertemperatur 24-26 °C, pH 4,0-4,6, elektrische Leitfähigkeit 20-50 µS/cm, < 1 °dGH und °dKH,

Crenuchus spilurus gehört zu den wenigen Salmlern, die eine intensive Brutpflege durchführen (FREYHOF, 1988). Die Fische paaren sich, mit dem Bauch nach oben schwimmend, an der Decke von höhlenartigen Versteckplätzen, beispielsweise in Bambusröhren, und legen dort den Laich ab. Anschließend kümmert sich ausschließlich das Männchen um das Gelege und hält potenzielle Fressfeinde vom Laich und den Larven fern, bis die Jungen bereits sehr frühzeitig die Bruthöhle verlassen. Zu diesem Zeitpunkt endet die Brutpflege des Vaters.

Poecilocharax bovalii EIGENMANN, 1909

Der Typusfundort von Bovals Prachtsalmler liegt bei der Ortschaft Savannah Landing nahe dem Kaieteur-Wasserfall am Potaro River in Guyana, in dessen Einzugsgebiet die Art offenbar endemisch ist. Die Fische sind Bewohner typischer Schwarzwasserbiotope. Die maximale Gesamtlänge der Männchen, bei denen die mittleren Flossenstrahlen der Dorsale zu einer Spitze verlängert sind, liegt bei fünf Zentimetern. Eine Fettflosse ist bei dieser Art nicht vorhanden.

Bis auf die kräftig orangerot gesäumte Afterflosse der Männchen zeigt dieser Prachtsalmler keine auffälligen Farben. Die dunkel getönte Rückenregion wird nach unten von einem verwaschenen bräunlichen Längsstreifen begrenzt. Der übrige Körper und die Bauchregion sind dagegen weißlich gefärbt. Von der Oberlippe erstreckt sich im Bogen über die untere Hälfte der Schwanzwurzel ein weiteres, intensiv schwärzlich gefärbtes Längsband, das erst auf dem mittleren Randbereich der kräftig konkaven Schwanzflosse endet.

Dieser nur äußerst selten gepflegte Prachtsalmler wurde im Jahr 1991 durch die Holländer VERMEULEN und SUYKER erstmals lebend nach Europa eingeführt. Fünfzehn Jahre später wurden die interessanten Fische noch einmal von DETERS, SCHLÜTER und Mitreisenden aus Guyana nach Deutschland importiert. Informationen über die gelungene Nachzucht sind bisher nicht publiziert worden.

Männchen (links) und Weibchen (rechts) von *Poecilocharax bovallii aus* dem Einzugsgebiet des Potaro River in Guyana.
Fotos: O. Deters

66

1 Männchen von *Poecilocharax weitzmani* aus Guyana

2 + 3 Junges Männchen und Weibchen von *Poecilocharax weitzmani* aus einem bachartigen Gewässer im Einzugsgebiet des Rio Sipao in Venezuela

4 Dieses junge Männchen von *Poecilocharax weitzmani* aus dem Pozo Azul in Venezuela unterscheidet sich deutlich von Exemplaren aus Guyana.

Poecilocharax weitzmani GÉRY, 1965

Der Typusfundort dieser Art, für die in der Aquaristik die Bezeichnungen Weitzmans Prachtsalmler oder Grünpunkt-Tetra verwendet werden, ist der Igarapé Préto, etwa sechzig Kilometer flussabwärts von der Stadt Leticia in Brasilien. Zusätzliche Fundorte sind für die oberen Einzugsgebiete des Rio Solimões (Kolumbien, Peru), des Rio Negro (Brasilien) und Orinoko (Venezuela) belegt. Weitere bisher nicht in der Literatur aufgeführte Fundorte liegen in Guyana.

Männchen sind mit einer Gesamtlänge von gut vier Zentimetern ausgewachsen. Die teils beigefarbenen bis braunrot gefärbten Fische, denen die Fettflosse fehlt, tragen zwischen dem hinteren Rand des Auges oder des Kiemendeckels und der Schwanzflosse ein breites schwarzes Längsband, auf dem insbesondere bei männlichen Exemplaren eine Anzahl blauer Glanzflecken verteilt ist und das vor allem oben von einem hellen Längsstreifen gesäumt wird. Die äußeren Bereiche der nicht paarigen Flossen sind kräftig orangerot getönt. Bei männlichen Fischen trägt die Afterflosse ein Tüpfelmuster.

Auch dieser Prachtsalmler besitzt einen deutlich ausgebildeten Sexualdimorphismus, der die Unterscheidung der Geschlechter zweifelsfrei ermöglicht. Die deutlich größeren männlichen Fische sind an den kräftigeren Farben, einer größeren Zahl von Glanzflecken und ihrer vergrößerten Rückenflosse zu erkennen.

Ich konnte *Poecilocharax weitzmani* in Venezuela wiederholt südlich und nördlich der Stadt Puerto Ayacucho in kleinen Urwaldflüsschen im Einzugsgebiet des oberen Orinoko fangen, beispielsweise am Pozo Azul. Das an diesen Fundorten ausnahmslos sehr klare Wasser besaß einen pH-Wert von 5,3-5,5, eine Temperatur von 25,5-28,3 °C und eine Leitfähigkeit von knapp 10 mS/cm. Die Gesamt- und Karbonathärte lagen stets unter der Nachweisgrenze von 1° dH. Die Fische hielten sich im Uferbereich im Schutz dichter Pflanzenbestände auf, die teils aus Wasserpflanzen (einer *Mayaca*- und einer *Cyperus*-Art), teils aus der ins Wasser reichenden Ufervegetation gebildet wurden.

Weitere Fundorte in Venezuela mit ganz ähnlichen ökologischen Bedingungen bilden am unteren Orinoko bachartige Gewässer im Einzugsgebiet des Rio Sipao (Wassertemperatur 30-31 °C, pH 4,6-5,5, <10 µS/cm, < 1 °dGH und °dKH). In Guyana fing ich *Poecilocharax weitzmani* im Schwarzwasser mehrerer Flüsschen am Linden Highway (Wassertemperatur 24 °C, pH 4,1, 40 µS/cm, < 1 °dGH und °dKH).

Bemerkenswert ist, dass die in Venezuela gefangenen Exemplare von *Poecilocharax weitzmani* in ihrem Farbkleid deutliche Unterschiede zu den Fischen aufweisen, die gelegentlich aus Brasilien importiert werden oder die ich in Guyana gefangen habe: Einerseits fehlen den Männchen aus dem Einzugsgebiet des mittleren Orinoko die kräftigen Rottöne in den Flossen und in der Rückenregion, andererseits besitzen sie jedoch im Kopfbereich eine Gelbfärbung, die den Exemplaren anderer Fundorte fehlt.

Aus einem Zuchtbericht von SUTTNER (1991) geht hervor, dass *Peocilocharax weitzmanni* ein Versteck- oder Höhlenbrüter ist. Als Laichsubstrat wählen die Fische aber nicht nur Hohlräume, sondern beispielsweise auch die Unterseite eines versteckt wachsenden derben Blattes aus. Die Brutpflege erfolgt in einer Vaterfamilie, da sich ausschließlich der männliche Fisch um die Pflege der Eier und Larven kümmert.

starker Strömung und sogar das Hinaufklettern von Wasserfällen ermöglichen. Dadurch sind diese kleinen Salmler in der Lage, auch die Oberläufe ihrer Heimatgewässer erneut zu besiedeln, wenn sie durch Sturzfluten und Flutwellen flussabwärts mitgerissen wurden. Erstaunlicherweise bilden folglich bei ihren Wanderungen stromaufwärts selbst Wasserfälle keine unüberwindlichen Hindernisse. Abschließend weisen die Autoren darauf hin, dass bereits im Jahre 1866 ein ähnliches Klettervermögen für *Characidium fasciatum* beschrieben wurde.

Auch *Ammocryptocharax elegans* zeigt eine Reihe interessanter Anpassungen an einen besonderen Lebensraum (ZUANON & al., 2006). Dieser Bodensalmler lebt in schnell fließenden Klarwasserbächen mit dichten Beständen von grasartigen Sumpfpflanzen (*Thurnia sphaerocephala*). Während andere Arten von Bodensalmlern sich auf dem Gewässergrund aufhalten, wartet diese Spezies auf einem Blatt auf vorbeischwimmende Nahrungsorganismen, nach denen sie mit ihren ungewöhnlich beweglichen Augen sucht. Dabei klammern sich die Fische mit der gebogenen freien Spitze des ersten Strahls ihrer beiden Brustflossen an den Rändern der Blattspreite fest, um nicht von der Strömung fortgerissen zu werden. Ein besonders gut ausgebildetes Vermögen, schnell die Färbung zu wechseln, verhilft *Ammocryptocharax elegans* zusätzlich zu einer vollkommenen Tarnung: Wenn die Fische auf einer frischen Pflanze liegen, sehen sie grasgrün aus. Sobald sie sich jedoch auf einem toten Blatt aufhalten, färben sie sich dunkelbraun.

Haltung und Vermehrung

Alle *Characidium*-Arten sind schon infolge ihrer geringen Größe ideale Pfleglinge im Aquarium, denn die meisten werden nur zwischen vier und sieben Zentimeter lang. Hinzu kommen ihre Robustheit und Anpassungsfähigkeit. Allerdings werden sie kaum für den Zoofachhandel gezielt importiert, in kleinen Mengen sind sie jedoch relativ häufig als so genannte Beifänge in Importsendungen anderer Aquariumfische zu finden.

Für die Pflege von Bodensalmlern sind Behälter geeignet, die mindestens einen Inhalt von rund 60 Litern und eine Länge von etwa 60 Zentimetern haben. Für die Boden bewohnenden Arten ist weniger seine Höhe, sondern eine möglichst große Grundfläche wichtig, die durch eine entsprechende Strukturierung die Abgrenzung von Revieren ermöglichen sollte. Das Aquarium sollte eine zumindest stellenweise dichte Bepflanzung und einen Bodengrund aus Sand aufweisen.

Die von mir gepflegten *Characidium*-Arten erwiesen sich trotz ihrer bodengebundenen Lebensweise als ausgesprochen lebhaft und bewegungsfreudig. Alle waren territorial, und insbesondere die ein Revier besitzenden Männchen können untereinander recht aggressiv sein. Da die Auseinandersetzungen jedoch stark ritualisiert ablaufen, kommt es zu keinen Beschädigungen. Aufmerksam beobachten die Fische auch alles, was außerhalb des Aquariums geschieht, und sind sofort zur Stelle, wenn es Futter gibt. Aufgrund ihres besonders kleinen Maules sind sie Kleinbrockenfresser, weshalb für sie *Artemia*-Larven, *Cyclops* und kleine Daphnien ideale Futtertiere sind. Manche Arten gehen erst nach einer recht langen Gewöhnungsphase dazu über, auch industriell gefertigte Futtermittel zu fressen.

Bei vielen *Characidium*-Arten besitzen männliche und weibliche Fische einen deutlichen Flossendimorphismus, der eine Unterscheidung der Geschlechter erleichtert. Beispielsweise sind bei den Männchen von *Characidium rachovii* die Rücken- und die Afterflosse, die bei dieser Art auf gelbem Grund größere rundliche Flecken trägt, erheblich vergrößert. Dagegen treten dunkle Flecken in der Rückenflosse, die in der Literatur als Unterscheidungsmerkmal genannt wird, bei beiden Geschlechtern auf.

Die Fortpflanzungsbiologie der Bodensalmler ist erst ansatzweise erforscht, denn die wenigen Berichte über eine Vermehrung im Aquarium lassen noch viele Fragen offen, da beispielsweise das Ablaichen noch nicht beobachtet wurde. STENGERT, (1993) gelang die Zucht von *Characidium rachovii* bei einer Gesamthärte von 6-10 °dH, einer Karbonathärte von 4 °dH, einem pH-Wert von 7,5 und einer Wassertemperatur von 24-26 °C. Die winzigen Jungfische mussten anfangs mit Planktonfutter ernährt werden. Am fünften Tag nach dem Freischwimmen fraßen

Alle Bodensalmler fühlen sich in in gut bepflanzten Aquarien wohl, die auch Bereiche mit freiem Untergrund aufweisen.

sie dann die Nauplien des Salinenkrebses. Nach acht Wochen hatten sie bereits eine Länge von zwei bis drei Zentimetern erreicht.

HOFFMANN & HOFFMANN (2001) vermehrten erfolgreich *Characidium* sp. aff. *rachovii* und *Characidium* sp. cf. *laterale* bei einer Leitfähigkeit von 200 µS/cm, einem pH-Wert von 6 und einer Temperatur von 26 °C. Sie verfütterten anfangs Pantoffeltierchen, ab dem dritten Tag *Artemia*-Nauplien.

74

Beilbauchsalmler (Gasteropelecidae)

Wie Berichten in den entsprechenden Jahrgängen von Aquariumzeitschriften zu entnehmen ist, wurden die ersten Beilbauchsalmler bereits im Jahre 1912 erstmals als Aquariumfische nach Deutschland importiert. Seitdem zählen sie wegen ihrer ungewöhnlichen Körperform zu den besonders gern gepflegtent Arten. Trotzdem sind verlässliche Informationen über die Beschaffenheit ihrer natürlichen Lebensräume und ihre Ökologie bisher nur selten veröffentlicht worden.

Innerhalb der formenreichen Ordnung der Salmlerförmigen (Characiformes) bilden die Beilbauchsalmler aufgrund ihrer zahlreichen morphologischen, anatomischen und ökologischen Besonderheiten eine Gruppe, die sich problemlos abgrenzen lässt und deren Mitglieder deshalb selbst für den Laien auf den ersten Blick erkennbar sind. Alle Beilbauchsalmler werden in der Fischfamilie Gasteropelecidae zusammengefasst, welche die drei Gattungen *Carnegiella*, *Gasteropelecus* und *Thoracocharax* enthält, denen gegenwärtig insgesamt neun Arten zugerechnet werden (WEITZMAN & PALMER, 2003). Da sich jedoch Populationen einzelner Arten in ihrer Färbung deutlich unterscheiden, wird auch von Ichthyologen nicht ausgeschlossen, dass es in dieser Fischfamilie noch unbeschriebene Vertreter gibt.

Im Zoofachhandel tauchen Beilbauchsalmler vergleichsweise selten und zumeist als Wildfänge auf, da sie kaum gezüchtet werden. Die Gattung *Carnegiella* ist in der Aquaristik am bekanntesten, da aus diesem Verwandtschaftskreis die beiden Arten *C. strigata* und *C. myersi* im Zoofachhandel am häufigsten angeboten werden.

Alle Vertreter der Fischfamilie *Gasteropelecidae* haben ganz spezielle Habitatpräferenzen, die sich aus ihrer Spezialisierung auf besondere Formen des Nahrungserwerbs erkären. Ein gemeinsames Merkmal aller Beilbauchsalmler ist ihre eigenartige, unverkennbare Körperform, die als Anpassung an das Leben an der Wasseroberfläche zu erklären und die auch Anlass für ihren Populärnamen ist. Ihr hoher, seitlich stark zusammengedrückter und abgeflachter Körper besitzt ein beinahe waagerecht verlaufendes Rückenprofil. Im Gegensatz dazu erstreckt sich die Bauchlinie vom Maul nahezu im Halbkreis bogenförmig zum Beginn der Afterflosse. Das stark oberständige Maul ist steil zur Wasseroberfläche gerichtet. Die Bauchflossen sind auffallend winzig, die Rückenflosse ist weit hinten angesetzt und die Schwanzflosse tief gegabelt. Besonders auffällig sind die stark vergrößerten, flügelartigen Brustflossen, die über den Rücken hinausreichen und deren kräftige Muskulatur an einem ebenfalls vergrößerten Schultergürtel ansetzt.

Fliegende Fische

Die merkwürdige Vorwölbung der Kehl- und Brustregion bei den Beilbauchsalmlern erklärt sich vor allem durch die extreme Entwicklung der Brustflossenmuskulatur und des Schultergürtels, die es diesen Fischen ermöglicht, über die Wasseroberfläche hinauszuschießen und mehrere Meter weit durch die Luft zu fliegen. SCHWARTZ (1977) beschreibt diesen Vorgang recht anschaulich: Durch kräftige Schläge der Schwanzflosse hebt sich der Oberteil des Körpers aus dem Wasser. Zusätzliche rasche Schläge mit den Brustflossen lassen den halb eingetauchten Fisch dann über die Wasseroberfläche schießen. Mit zunehmender Geschwindigkeit heben die Beilbauchsalmler dann vom Wasser zu einem Flug von maximal etwa drei Metern ab. Während des Fluges verursachen die „Flügelschläge" der Brustflossen ein surrendes Geräusch. Sobald sich die Fische außerhalb des Wassers befinden, können sie nicht mehr ihre Richtung ändern, sondern sie fliegen geradlinig weiter, um dann schließlich – häufig auf der Seite liegend – in das Wasser zurückzufallen. Unter Fachleuten ist allerdings umstritten, ob die Beilbauchsalmler wirklich über ein aktives Flugvermögen verfügen (FÖRSTER et al., 1999).

Ihre Fähigkeit, das Wasser zu verlassen, bildet für die Beilbauchsalmler eine wirkungsvolle Methode, um im Falle einer Bedrohung durch Raubfische den Feinden zu entkommen. Zu ihren gefährlichsten Fressfeinden gehören vermutlich die räuberischen, vorzugsweise an der Wasseroberfläche jagenden Hechtsalmler aus der Gattung *Boulengerella* (Ctenoluciidae), die ich in der Natur wiederholt zusammen mit ihnen beobachtete. Wegen des ausgezeichneten Sprungvermögens der Beilbauchsalmler ist unbedingt darauf zu achten, dass das Aquarium nach oben sorgfältig abgedeckt ist, damit die Fische nicht hinausspringen können.

Pflege im Aquarium

Meine Beobachtungen zur Ökologie von Beilbauchsalmlern belegen, dass diese Fische beinahe ausnahmslos in sehr weichem Wasser leben, das eine saure bis stark saure Reaktion besitzt. Langjährige Erfahrungen haben aber gezeigt, dass sie sich auch in mittelhartem, leicht alkalischem Wasser gut halten lassen. Eine erfolgreiche Zucht, die bisher nur vergleichsweise selten gelungen ist, hat jedoch Wasserwerte zur Voraussetzung, die jenen in den natürlichen Fundorten möglichst nahe kommen.

Bemerkenswert ist ferner, dass sich die Beilbauchsalmler in ihren natürlichen Biotopen beinahe ausnahmslos in der unmittelbaren Nähe von dichten Pflanzen-

Carnegiella marthae MYERS, 1927

Der Schwarzschwingen-Beilbauchsalmler, dessen deutscher Name sich auf seine im mittleren Bereich dunkel gefärbten Brustflossen bezieht, erreicht in etwa eine Gesamtlänge von vier Zentimetern. Bei *Carnegiella schereri* FERNÁNDEZ-YÉPES, 1950, einer ähnlich gefärbten Art, fehlt diese dunkle Zeichnung.

Typusfundort von *Carnegiella marthae* ist der Caño de Quiribana in der Nähe der Stadt Caicara in Venezuela. Weitere Fundorte sind aus den oberen Einzugsgebieten des Orinoko und des Rio Negro in Brasilien bekannt. Ich fing die Art im Rio San Martin in Bolivien (Provinz Beni) Artspezifische Kennzeichen der Fische sind ein Muster aus schräg nach hinten verlaufenden sehr feinen dunklen Linien, ein schmaler Längsstreifen sowie eine schwarze Begrenzung des Bauchkiels zwischen Kiemendeckel und Afterflosse.

Carnegiella marthae besitzt ein Muster aus schräg nach hinten verlaufenden sehr feinen dunklen Linien.

Carnegiella myersi FERNÁNDEZ-YÉPEZ, 1950

Carnegiella myersi, der Glas-Beilbauchsalmler, ist mit einer maximalen Gesamtlänge von knapp drei Zentimetern der kleinste Vertreter dieser Fischfamilie. Als

farbliches Erkennungsmerkmal dieser unscheinbar silbrig bis weißlich aussehenden Art kann der mit winzigen schwarzen Pünktchen übersäte weißliche Bauch dienen. Allen *Carnegiella*-Arten fehlt im Unterschied zu anderen Beilbauchsalmern eine Fettflosse. *Carnegiella myersi* ist im Amazonasbecken weit verbreitet und insbesondere in Peru im Einzugsbereich von Rio Ucayali und Rio Marañon häufig zu finden.

Am mittleren Rio Ucayali, nahe der Stadt Pucallpa leben die Fische im Weißwasser der Yarina Cocha und der Paca Cocha (Wassertemperatur 24,7-26,4 °C, elektrische Leitfähigkeit 404-474 µS/cm, 7-14 °dGH und 9-16 °dKH, pH 7,1-7,7). In der Umgebung der Stadt Iquitos fing ich diesen Beilbauch in kleinen Gewässern, die in den unteren Rio Momon oder Rio Nanay mündeten. Dort durchgeführte

Carnegiella myersi ist der kleinste Vertreter dieser Fischfamilie.

81

Messungen ergaben Wassertemperaturen von 23-27,1 °C, pH-Werte von 4,9-5,8 und eine elektrische Leitfähigkeit zwischen 3 und 5 μS/cm. Die Gesamt- und Karbonathärte lagen unter der Nachweisgrenze von 1 °dH der verwendeten Reagenzien. Das Wasser war recht klar und deutlich braun gefärbt. Die Beilbäuche hielten sich am Gewässerrand dicht unter der Oberfläche im Schutze zahlreicher im Wasser liegender Äste und Zweige auf und bildeten, mit anderen Salmlern vergesellschaftet, große Fischschwärme.

Ein weiterer von mir untersuchter Fundort liegt in Bolivien nordwestlich von Santa Cruz. Dabei handelt es sich um einen Klarwasserbach am Rio Yacapani im Einzugsgebiet des Rio Mamoré (Wassertemperatur 22 °C, elektrische Leitfähigkeit 14 μS/cm, <1 °dGH und °dKH, pH 6,0).

Gasteropelecus sternicla (LINNAEUS, 1758)

Der so genannte Silber-Beilbauchsalmler wird um die fünf Zentimeter lang. Wie im deutschen Populärnamen angedeutet, haben die Fische eine silbrig glänzende Grundfärbung. Ein Bestimmungsmerkmal dieser Art bildet ein schmaler hell begrenzter dunkler Längsstreifen, der sich in Augenhöhe bis zur Schwanzwurzel erstreckt. Eine Fettflosse ist vorhanden.

Fundorte von *Gasteropelecus sternicla* sind aus den Guyanaländern und Venezuela sowie dem Einzugsgebiet des oberen Amazonas bei Iquitos in Peru bekannt. Ich fing die Art in Bolivien in der Proinz Beni im Einzugsgebiet des Rio Mamoré in einem Restgewässer mit Weißwasser nahe der Stadt Trinidad (Wassertemperatur 29,6 °C, elektr. Leitfähigk. 47 μS/cm, <1 °dGH und °dKH, pH 5,4).

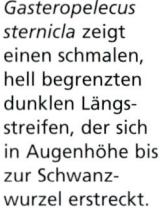

Gasteropelecus sternicla zeigt einen schmalen, hell begrenzten dunklen Längsstreifen, der sich in Augenhöhe bis zur Schwanzwurzel erstreckt.

Thoracocharax securis (DE FILIPPI, 1853)

Mit einer maximalen Gesamtlänge von knapp neun Zentimetern ist der Platin-Beilbauchsalmler einer der größten Vertreter dieser Fischfamilie. Die beiden *Thoracocharax*-Arten unterscheiden sich von den Vertretern der Gattung *Carnegiella* durch den Besitz einer Fettflosse.

Im Gegensatz zu den Angaben in der wissenschaftlichen Literatur (WEITZMAN & PALMER, 2003), in der als Verbreitungsgebiet nur Nebenflüsse des Amazonas in Peru und Brasilien genannt werden, fing ich *Thoracocharax securis* auch in Venezuela im Rio Morichal Largo, einem linken Nebenfluss des unteren Orinoko. Fangplatz war ein zwei bis fünf Meter breiter Seitenarm in der Nähe der Stadt Temblador, dessen Uferbereich durch Sumpf- und Wasserpflanzen aus den Gattungen *Nymphaea*, *Eichhornia* und *Chara* stark verkrautet war. Die Fische hielten sich in Ufernähe am Rande der Pflanzenzonen auf.

Das sehr klare, leicht bräunliche Wasser besaß eine deutlich erkennbare Strömung. Dort vorgenommene Messungen ergaben eine Wassertemperatur von 31 °C, einen pH-Wert von 5,2 und eine elektrische Leitfähigkeit von 50 µS/cm. Die Gesamt- und Karbonathärte lagen beide unter 1 °dH.

Mit einer maximalen Gesamtlänge von knapp neun Zentimetern ist der Platin-Beilbauchsalmler einer der größten Beilbauchsalmler.

83

Piranhas (Serrasalminae)

Nicht nur in einem Schauaquarium, sondern auch in einer Ausstellung oder in einer privaten Aquarienanlage erregt ein Aquarium, in dem Piranhas schwimmen, in besonderem Maße die Aufmerksamkeit der Besucher. Obwohl manche ausgewachsenen Piranhas sehr farbige und imposante Fische sind, ist es jedoch weniger ihr Aussehen, sondern ihre Verknüpfung mit allerlei Gruselgeschichten, an die sich die meisten Betrachter bei ihrem Anblick erinnern, die das starke Interesse an diesen Fischen verursachen.

Gegenwärtig kennt man gut dreißig gültig beschriebene Piranha-Arten, zu denen aber noch weitere bisher nicht wissenschaftlich bearbeitete hinzukommen. Als so genannte Sägesalmler werden sie im zoologischen System zusammen mit den Scheibensalmlern je nach Autor (vgl. GÉRY, 1977; ESCHMEYER, 1998; JÉGU, 2003) entweder in die Fischfamilie Serrasalmidae oder nur als Unterfamilie Serrasalminae in die Familie Characidae eingeordnet und heute im Allgemeinen auf die vier Gattungen *Pygopristis* (1 Art), *Pristobrycon* (5 Arten), *Serrasalmus* (27 Arten) und *Pygocentrus* (4 Arten) verteilt, die von einigen Autoren allerdings nur als Untergattungen der Gattung *Serrasalmus* angesehen werden. Ein Sonderfall ist der merkwürdige Wimpelpiranha, ein Schuppenfresser, da er teils in die monotypische Gattung *Catoprion* – manchmal sogar in einer besonderen Unterfamilie Catoprioninae – oder aber ebenfalls nur als *Serrasalmus*-Art eingeordnet wird.

1 Bei diesem jungen Piranha ist die gezähnte, kielartige, an eine Säge erinnernde Körperunterseite gut zu erkennen, auf die sich der Name Sägesalmler bezieht.

2 Jungtiere von *Serrasalmus rhombeus* sehen ganz anders als erwachsene Fische aus.

3 *Serrasalmus maculatus* ist wegen seiner gelben Färbung eine besonders hübsche Art.

4 *Pygocentrus nattereri*, der am häufigsten im Aquarium gepflegte Piranha, ist in Peru ein wichtiger Speisefisch.

Alle Piranhas sind mittelgroße Fische, deren Gesamtlänge zwischen fünfzehn und ausnahmsweise auch gut vierzig Zentimetern (*Serrasalmus rhombeus*) liegt. Bis auf ganz wenige Ausnahmen, zu denen beispielsweise *Serrasalmus elongatus* gehört, haben sie einen runden, seitlich scheibenartig abgeflachten Körper. Unverwechselbar ist auch ihr Kopfprofil mit dem schräg nach oben gerichteten Maul, dem kurzen Oberkiefer und dem erheblich längeren, vorstehenden Unterkiefer. Beim lebenden Fisch ist das eindrucksvolle Gebiss hinter den Lippen verborgen, weshalb nur die Zahnspitzen zu sehen sind.

Der Name Sägesalmler bezieht sich nicht etwa auf das mächtige Gebiss der Piranhas, sondern auf ihre gezähnte kielartige und deshalb an eine Säge erinnernde Körperunterseite. Die Verbreitung der Piranhas erstreckt sich vom Einzugsgebiet des Orinoko im Norden Südamerikas bis in die subtropischen Bereiche des Rio Paraguay im Süden. Als besonders gefährlich gelten die vier Arten *Pygocentrus cariba*, *P. nattereri*, *P. piraya* und *Serrasalmus rhombeus*. Im Unterschied zu ihnen sind die so genannten Caribitos aus der Gattung *Pristobrycon* dagegen recht harmlos.

Im Aquarium wird vor allem *Pygocentrus nattereri*, auf den sich beinahe alle aquaristischen Veröffentlichungen beziehen, sowie weit seltener auch *Pygocentrus cariba* gepflegt, da beide Arten kräftig rot gefärbt sind. Obwohl es weitere sehr schöne Piranhas gibt, beispielsweise den intensiv gelb gefärbten *Serrasalmus maculatus*, sind andere Arten bisher weitgehend unbekannt geblieben, da sie kaum eingeführt oder abgebildet und dann häufig falsch bestimmt wurden. Jungtiere, die oft eine mit zunehmendem Alter verschwindende Fleckenzeichnung tragen, sind noch schwieriger als erwachsene Piranhas zu bestimmen, da sie sich sehr ähneln.

Piranha-Angriffe

Die in Abenteuerromanen und -filmen verbreiteten Schilderungen der angeblichen Gefährlichkeit und Angriffslust der Piranhas sind maßlos übertrieben. Der Ursprung der über diese Fische bestehenden weit verbreiteten Vorurteile ist offenbar bereits in den Berichten der ersten Entdecker und Forscher zu suchen, die Südamerika bereisten (vgl. Alexander von HUMBOLDT, 1979; ROOSEVELDT, 1914).

Im Gegensatz zu diesen Berichten kommt es zu Verletzungen und Unfällen durch Piranha-Bisse weniger im, sondern weit häufiger außerhalb des Wassers, wenn mit gefangenen Piranhas ohne die gebotene Aufmerksamkeit und Sorgfalt umgegangen wird. Ich selbst wurde einmal von einem kleinen, etwa vier Zenti-

 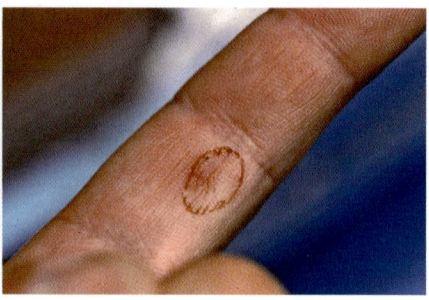

Die im Text erwähnte Wunde, die von einem vier Zentimeter langen *Pogycentrus nattereri* verursacht wurde.

Nach entsprechender Versorgung war die Bisswunde bereits nach vier Tagen wieder komplikationslos verheilt.

meter langen Piranha in den Finger gebissen, als ich ihn aus dem Käscher nahm, um ihn wieder zurück ins Wasser zu setzen. Zahlreiche ähnliche Unfälle mit geangelten oder seltener auch mit im Aquarium gehaltenen Piranhas sind verlässlich dokumentiert. Im Allgemeinen kam es dabei nur zu tiefen Fleischwunden, gelegentlich wurden aber beim unvorsichtigen Entfernen des Angelhakens sogar eine Fingerkuppe oder von einem scheinbar toten, im Boot liegenden Fisch ein Zeh abgebissen.

Ausgewachsene Piranhas haben ein Respekt einflößendes messerscharfes Gebiss, das in Verbindung mit einer äußerst kräftigen Kiefermuskulatur auch dem Menschen sehr gefährlich werden kann, wenn mit verängstigten Fischen unvorsichtig umgegangen wird. Es ist jedoch bisher kein einziger Fall dokumentiert, in dem ein Mensch durch Piranhas getötet wurde. Meine Recherchen ergaben allerdings, dass in drei Fällen die Leichen von Ertrunkenen oder Schwimmern, die zuvor an einem Herzinfarkt verstorben waren, offenbar später durch Piranhas verstümmelt worden waren.

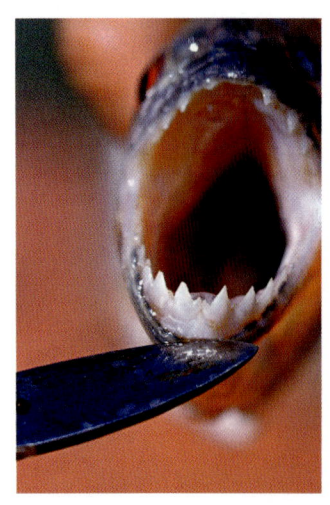

Ihr kräftiges, messerscharfes Gebiss macht Piranhas auch für den Menschen gefährlich.

Zwei im natürlichen Verbreitungsgebiet der Piranhas durchgeführte wissenschaftliche Untersuchungen, die zahlreiche Verletzungen durch Piranhas analysieren, dokumentieren die von diesen Fischen wirklich ausgehende Bedrohung (HADDAD & SAZIMA, 2003; MOLL, 2006): Nahe der Stadt Santa Cruz da Conceição im brasilianischen Bundesstaat São Paulo kam es an einer Badestelle in einem Zeitabschnitt von fünf Wochen zu Angriffen des Piranhas *Serrasalmus maculatus* auf Badende. Alle 38 Opfer wurden nur einmal gebissen, und zwar meist in das Bein oder den Fuß, seltener in den Arm. In allen Fällen kam es zu einer kraterartigen rundlichen Fleischwunde. Nur fünf der gebissenen Personen mussten anschließend im Krankenhaus behandelt werden. In einem Fall musste ein Zeh amputiert werden.

86

Auch von weiteren Badestellen des Bundesstaates wurden innerhalb einer begrenzten Zeitspanne von zwei Wochen jeweils etwa fünfzig Verletzungen durch Piranhas gemeldet. Alle hatten folgende Ursachen: Die Angriffe an den Badestellen, wo Piranhas besonders häufig sind, erfolgten während der Fortpflanzungszeit der Fische, als diese ihr Gelege und ihre Brut verteidigten. Verletzungen häuften sich während der Wochenenden, als besonders viele Menschen im Wasser waren und die Fische störten.

MOL (2006) dokumentiert ähnliche Fälle aus zwei Dörfern und einem Erholungspark in Surinam: Meist handelte es sich um relativ harmlose Verletzungen an den Füßen. In dem einen Dorf waren die innerhalb von sieben Jahren registrierten Verletzungen aber zum Teil ernster, denn es kam zum Verlust von einem Finger oder Zeh, und zwei Opfer wurden gleichzeitig von mehreren Fischen angegriffen. Bei seiner Auswertung dieser Unfälle weist der Autor ausdrücklich darauf hin, dass in ihrem Fall die regelmäßige Beseitigung von Nahrungs-, Fischabfällen und Blut im Fluss als Auslöser der Angriffe eine Rolle gespielt hat.

Nahrungserwerb und Brutpflege

Piranhas sind gesellige Fische, aber keine wirklichen Schwarmfische, sondern sie verteilen sich ebenso wie viele andere Salmler in lockeren Gruppen, in denen es jeweils einen bestimmten Individualabstand gibt, über ihren Lebensraum. Bei einem plötzlichen Nahrungsangebot können sie sich aber schnell an der Fundstelle in großer Zahl versammeln und dann gemeinsam ihre Beute angreifen. Das natürliche Nahrungsspektrum erwachsener Piranhas besteht überwiegend aus kleinen und mittelgroßen Fischen sowie gelegentlich kleinen Landwirbeltieren. Wegen der großen, scharfen Zähne der Piranhas kann ihre Beute im Unterschied zu anderen Raubfischen – insbesondere im Fall von kranken oder verletzten Tieren – gelegentlich aber auch erheblich größer als sie selbst sein, da sie in der Lage sind, aus dem Körper des Opfers Bissen herauszutrennen. Viele Piranha-Arten ernähren sich aber zusätzlich auch von Früchten und sogar Nüssen.

Pogycentrus nattereri zählt wegen seiner Respekt einflößenden Zähne zu den besonders gefährlichen Piranhas.

Piranhas üben eine intensive Brutpflege aus. Insbesondere durch die Beobachtung im Aquarium ist für mehrere Arten dokumentiert (u. a. HARTL, 1979; SCHMITT, 1983), dass Männchen und Weibchen, die sich dann bei vielen Arten sehr dunkel färben, im weichen, sandigen Gewässergrund gemeinsam eine Grube ausheben, in der die stark klebenden Eier abgelegt werden. Im trüben Weißwasser wird der Laich dagegen gern dicht unter der Wasseroberfläche zwischen Schwimmpflanzen, beispielsweise den feinfiedrigen Wurzeln von Wasserhyazinthen (*Eichhornia crassipes* oder *E. azurea*) deponiert. Nach Beendigung des Laichvorganges übernimmt das Männchen die Verteidigung und Versorgung des Geleges und der Larven. Nur bei einigen Arten verteidigt auch das Weibchen die Reviergrenzen. Mit dem Aufschwimmen der Jungfische endet die Brutpflege.

Haltung im Aquarium

Junge Piranhas werden regelmäßig im Zoofachhandel angeboten. Auf gar keinen Fall sollte man jedoch der Versuchung nachgeben, diese Fische zu kaufen, wenn nicht völlig sichergestellt ist, dass für sie ein so geräumiges Aquarium zur Verfügung steht, das ihre artgerechte Pflege gewährleistet. Da Piranhas bei optimaler Pflege sehr schnell wachsen und innerhalb eines Jahres eine Länge von über 15 Zentimetern erreichen, sollte ein derartiger Behälter einen Inhalt von über 500 Liter haben, denn bei zu geringem Raum besteht die Gefahr, dass sich die territorialen und wehrhaften Fische nach und nach gegenseitig töten. Für Zuchtversuche sollte das Aquarium sogar noch erheblich größer sein. Damit möglichst jeder Fisch seinen Standplatz gegen die Artgenossen abgrenzen kann, sind bei der Einrichtung des Aquariums mit Hilfe großer, robuster Pflanzen und Moorkienholz entsprechende Versteckplätze zu schaffen. Zu beachten ist ferner, dass Piranhas im Aquarium sehr schreckhaft sein können und dann in Panik unkontrolliert umherschießen. Durch Artgenossen verursachte Verletzungen heilen bei Piranhas erstaunlich schnell und komplikationslos.

Die Vermehrung von Piranhas im Aquarium ist nicht nur in öffentlichen Schauaquarien, sondern wiederholt auch engagierten Aquarianern gelungen und mehrfach ausführlich beschrieben worden (u. a. HARTL, 1979; SCHMITT, 1983).

Die meisten Piranhas haben einen rundlichen, seitlich scheibenartig abgeflachten Körper und ein unverwechselbares Kopfprofil. Beachte in der oberen Körperhälfte die Kratzspuren von Zähnen eines Artgenossen.

Pristobrycon striolatus (Steindachner, 1908)

Dieser zu den recht harmlosen Caribitos (span. = Kleine Piranhas) zählende Sägesalmler erreicht eine Gesamtlänge von ungefähr 15 Zentimetern. Fundorte liegen im Orinoko-Einzug in Venezuela, in den Guyanaländern und Teilen des Amazonasgebietes in Brasilien. Seine Körperfarbe ist einfarbig gelbgrün mit einem silbrigen Glanz. Die Kehle und Brust sind jedoch kräftig zitronengelb gefärbt.

Pristobrycon striolatus, ein so genannter Carabito, gehört zu den harmlosen Piranhas.

Pogycentrus cariba (Humboldt & Valenciennes, 1821)

Dieser prächtig gefärbte Piranha kommt in Venezuela und Kolumbien im Einzugsgebiet des Orinoko vor und erreicht eine Länge von knapp 30 Zentimetern. Er besitzt eine großflächige kräftig rote Zone, die sich von den Wangen über die Brust bis zur Afterflosse erstreckt. Auch die Brust- und Bauchflossen sowie die Afterflosse sind intensiv rot gefärbt. Der restliche Körper besitzt einen silbrigen Glanz. Die Rücken- und Schwanzflosse sind grau, an der Basis schwärzlich getönt. Hinter dem Kiemendeckelrand befindet sich in der Körpermitte ein großer schwarzer Fleck.

Pogycentrus cariba aus dem Orinoko ist ein besonders prächtiger Piranha.

Pogycentrus nattereri Kner, 1858

Die Art erreicht eine Gesamtlänge von 35 cm. Sie ist vom Amazonasgebiet in Kolumbien, Ecuador und Guyana im Norden über Brasilien, Peru und Bolivien bis in die Fluss-Systeme von Rio Paraguay und Rio Paraná in Paraguay, Uruguay und Argentinien im Süden weit verbreitet. Eine kräftig orangerote Zone erstreckt sich von der Kinnregion über die Brust bis zur Bauchregion. Der restliche Körper ist grau mit einem silbrigen Glanz. Brust- und Bauchflossen sowie die Afterflosse sind intensiv rot, die Rücken- und Schwanzflosse dunkelgrau gefärbt.

Pogycentrus nattereri wird zu den gefährlicheren Arten gezählt.

Serrasalmus compressus JÉGU, LEÃO & SANTOS, 1991

Junger *Serrasalmus compressus*.

Diese sehr spitzköpfige Art wird um die 20 Zentimeter lang und ist im mittleren Amazonasgebiet in Peru, Bolivien und Brasilien verbreitet. Die Fische sind grüngelb gefärbt und haben eine im vorderen äußeren Bereich orangegelbe Afterflosse. Ihre Körperseiten tragen eine Anzahl kleiner rundlicher oder ovaler dunkler Flecken. Ihre Schwanzflosse besitzt einen breiten dunklen hinteren Rand. Auch die Afterflosse ist schwarz gesäumt.

Serrasalmus elongatus KNER, 1858

Serrasalmus elongatus hat eine abweichende Körperform.

Dieser farblose Piranha wird um die 30 Zentimeter lang. Er ist im Orinoko- und Amazonas-Einzug in Venezuela, Ecuador, Peru, Bolivien und Brasilien weit verbreitet. Wegen seiner ungewöhnlich gestreckten Gestalt ist er mit anderen Arten nicht zu verwechseln. Sein silbriger Körper trägt einen schwarzen Fleck hinter dem mittleren Kiemendeckelrand. Alle unpaarigen Flossen sind dunkelgrau getönt.

Serrasalmus hastatus FINK & MACHADO-ALLISON, 1992

Auch *Serrasalmus hastatus* hat eine ungewöhnliche Gestalt.

Die farblose, sehr spitzköpfige Art, deren Körper mit silbrigen Glanzschuppen bedeckt ist, wird gut 15 cm lang und kommt nur im Einzugsgebiet des Rio Negro vor. Alle unpaarigen Flossen sehen schwärzlich aus.

90

Serrasalmus maculatus KNER, 1858

Die Fundorte dieses farbenprächtigen Sägesalmlers, der gut 20 cm lang wird, liegen in südlichen Teilen des Amazonasgebietes in Brasilien, Peru und Bolivien sowie in den Einzugsbereichen des Rio Paraguay und Rio Paraná in Paraguay, Uruguay und Argentinien. Seine untere Körperhälfte und

Prächtiger *Serrasalmus maculatus* aus dem oberen Rio Paraguay.

Kopfregion sind kräftig zitronengelb gefärbt. Die Bauchflossen und alle unpaarigen Flossen sind ebenfalls gelb und haben kräftig schwarze Säume.

Serrasalmus manueli (FERNÁNDEZ-YÉPEZ & RAMÍREZ, 1967)

Dieser mit einer Gesamtlänge von kapp 40 cm sehr große Piranha kommt in Venezuela und Brasilien im Orinoko- und Teilen des nördlichen Amazonasgebietes vor. Die auf dem Körper und in den Flossen dunkelgrau bis graublau gefärbte Art trägt auf den Körperseiten viele silbrige Glanzflecken.

Serrasalmus manueli aus dem unteren Rio Negro.

Serrasalmus rhombeus (LINNAEUS, 1777)

Mit einer Länge von über vierzig Zentimetern ist *Serrasalmus rhombeus* der größte Piranha. Seine Verbreitung erstreckt sich in Kolumbien und Venezuela über das Orinokogebiet, in Ecuador, Bolivien und Brasilien über das Amazonasgebiet sowie über die Flüsse der Guyanaländer und des

Großes Exemplar von *Pogycentrus rhombeus* aus dem Tapanahoni in Surinam.

nordöstlichen Brasiliens. Er besitzt eine dunkle Grundfärbung ohne auffällige Farben. Nur die Kopf-, Brust- und Bauchregion zeigen einen schwach braungelben Anflug. Die Iris ist kräftig rot gefärbt.

Serrasalmus spilopleura KNER, 1858

Brutpflegende *Serrasalmus spilopleura* haben in Brasilien schon sehr häufig Menschen angegriffen und gebissen.

Dieser recht farbige Piranha wird gut zwanzig Zentimeter lang. Fundorte sind nur für den Einzug des Rio Guaporé in Brasilien und Bolivien dokumentiert. Seine untere Kopfregion und Brust sind kräftig orangerot, die restliche untere Körperhälfte ist gelb gefärbt. Hinter dem Rand des Kiemendeckels liegt in der Körpermitte ein großer schwarzer, meist dreieckiger Fleck. Die Afterflosse ist orangegelb, die übrigen Flossen sind dunkelgrau.

Catoprion mento (CUVIER, 1819)

Die systematische Stellung des Schuppen fressenden Wimpelpiranhas wird unterschiedlich beurteilt.

Der so genannte Wimpelpiranha, der eine Gesamtlänge von gut 15 cm erreicht, hat eine weite Verbreitung, die sich über die Einzugsgebiete des Orinoko, Essequibo River, Amazonas und des oberen Rio Paraguay in den Ländern Venezuela, Kolumbien, Guyana, Brasilien und Bolivien erstreckt. Die sonst silbrig weißen Fische tragen nur auf dem Kiemendeckel einen auffälligen großen orangeroten Fleck. Der vordere, stark verlängerte Teil der Afterflosse ist ebenfalls orangegelb gefärbt. Der Grund der sonst farblosen Schwanzflosse ist schwarz getönt.

Der Wimpelpiranha ernährt sich in der Natur als fakultativer Ektoparasit, indem er Schuppen und Haut aus der Körperoberfläche sowie Flossenteile anderer Fische frisst. Auf diese Weise deckt er 80 % seines Nahrungsbedarfs (JANOVETZ, 2005). Die restliche Nahrung besteht überwiegend aus kleinen Fischen. Im Aquarium lässt sich der Wimpelpiranha auch an andere Futtermittel gewöhnen.

Rosy Tetras (Tetragonopterinae)

Die Abkürzung *Tetras* ist eine im englischen Sprachbereich gebräuchliche Sammelbezeichnung für zahlreiche in der Aquaristik besonders bekannte farbige, kleine Salmler, die insbesondere aus den Gattungen *Hemigrammus* und *Hyphessobrycon* stammen und früher in die Unterfamilie Tetragonopterinae eingeordnet wurden (Géry, 1977), die aber neuerdings weitgehend aufgelöst bzw. drastisch verkleinert wurde (Reis, 2003). Die Bezeichnung *Rosy Tetras* wurde von Weitzman & Palmer (1997) eingeführt, um in dieser Unterfamilie, die ein außerordentlich heterogenes und polyphyletisches Sammelsurium oftmals nicht näher miteinander verwandter Salmler bildet, eine Gruppe von über dreißig Arten abzugrenzen, die vermutlich alle von einer gemeinsamen Ursprungsform abstammen. Das Adjektiv *rosy* (engl. = rosarot) bezieht sich auf die meist rötliche Färbung dieser Salmler, die auch in mehreren Artnamen ihren Niederschlag gefunden hat (*Hyphessobrycon rosaceus, H. roseus, H. pyrrhonotus*). Weitere gemeinsame farbliche Merkmale der meisten Rosy Tetras sind ein oft artspezifisch geformter schwarzer Schulterfleck und eine kontrastreich schwarz und weiß, oftmals aber auch zusätzlich rötlich gefärbte, bei den Männchen meist vergrößerte Rückenflosse.

Verhalten und Pflegeansprüche

Einige der Rosy Tetras gehören zu den populärsten, im Zoofachhandel regelmäßig angebotenen Aquariumfischen. Zu ihrer Beliebtheit haben nicht nur ihre rote Färbung, die im wirkungsvollen Kontrast zum Grün der Wasserpflanzen steht, sondern auch ihre Anpassungsfähigkeit und Robustheit sowie ihre geringe Körpergröße, die meist um 40 Millimeter beträgt und nur im Ausnahmefall sechs Zentimeter erreicht, ganz wesentlich beigetragen. Sie sind ausdauernde Pfleglinge, die sich mit allen gängigen Futtermitteln problemlos ernähren lassen.

Die Informationen, die insbesondere in der älteren aquaristischen Literatur über das Sozialverhalten von Rosy Tetras publiziert wurden, sind leider häufig falsch, denn viele Autoren charakterisieren diese Salmler fälschlich als Schwarmfische (u. a. Riehl & Baensch, 2006: 282), obwohl Ense bereits 1978 zutreffenderweise beobachtete, dass diese Fische nur selten „im geschlossenen Schwarm durch das Becken ziehen." Auch meine Unterwasserbeobachtungen in den natürlichen Lebensräumen ergaben, dass sich Rosy Tetras nur bei Beunruhigung und Gefahr oder in der Jugend zu einem Schwarm vereinigen. Als adulte Fische haben sie dagegen das Bestreben, eine gewisse Mindestdistanz zum Artgenossen einzuhalten, die in etwa zehn Zentimeter beträgt.

Andererseits sind Rosy Tetras aber auch keineswegs Einzelgänger, sondern sie leben sozial unter Wahrung des erwähnten Mindestabstandes in einer Gruppe, die sich in Ufernähe meist am Rand von Pflanzenbeständen oder anderen Zufluchtsstätten aufhält. Bei einem entsprechenden Raumangebot im Aquarium hat jeder Fisch häufig seinen bevorzugten Standplatz, den er mit leicht nach unten geneigtem Kopf gegen Artgenossen verteidigt. Insbesondere bei den Männchen lässt sich beobachten, dass sie zeitweilig ausgesprochen territorial werden und dann mit gespreizten Flossen ritualisierte Kämpfe zur Verteidigung der von ihnen bevorzugten Aufenthaltsorte durchführen.

Diese Beobachtungen im Aquarium stehen nicht nur im Einklang mit den Befunden in den natürlichen Lebensräumen, sondern erklären auch, warum es nach meinen Erfahrungen im Allgemeinen unmöglich ist, mehrere Rosy Tetras längere Zeit zusammen in einem kleinen Behälter zu transportieren, ohne dass es zu erheblichen Verletzungen oder toten Fischen kommt. Sobald bei diesen Salmlern die Mindestdistanz nicht mehr gewährleistet ist, kommt es offenbar zwischen ihnen zum Beschädigungskampf. RIEHL & BAENSCH (2006: 282) beschreiben die Folgen treffend am Beispiel von *Hyphessobrycon eques*: „Manchmal gebärden sich die Tiere im Schwarm wie kleine Piranhas: schwächere Tiere werden angefressen, mitunter fehlt einem Tier im Schwarm ein Auge als Folge von Raufereien …"

Alle Rosy Tetras sind Freilaicher, die ihre Eier gern zwischen den feinfiedrigen Blättern oder Wurzeln von Wasserpflanzen frei in das Wasser abgeben (ZUKAL, 1975; HOFFMANN, HOFFMANN, 2004). Leider neigen sie im Aquarium dazu, den Laich nach der Paarung zu verspeisen. Eine Voraussetzung für die erfolgreiche Zucht vieler Rosy Tetras ist weiches Wasser mit einem pH-Wert im leicht sauren Bereich.

Zusammenfassend lassen sich die Salmler aus der Verwandtschaft der Rosy Tetras folgendermaßen charakterisieren: Für Aquarianer, die im Aquarium echte Schwarmfische halten wollen, wären Rosy Tetras zweifellos nicht die richtige Wahl. Andererseits sind sie durchaus sehr empfehlenswerte Aquariumfische, denn die ihnen bisweilen nachgesagten negativen Verhaltensweisen treten nur bei einem nicht artgerechten, zu geringen Raumangebot auf. Obwohl sie in der Natur vorzugsweise in weichen Gewässern mit einer sauren Reaktion vorkommen, haben sich die meisten Arten auch bei der Pflege in mittelhartem Wasser mit einer alkalischen Reaktion als anspruchslose und robuste Pfleglinge erwiesen, die unter optimalen Pflegebedingungen eine Lebenserwartung von vier oder fünf Jahren haben.

Hyphessobrycon eques (STEINDACHNER, 1882)

In der Vergangenheit für den so genannten Blutsalmler häufig in der Aquaristik verwendete Synonyme sind nach neuerer Auffassung (WEITZMAN & PALMER, 1997) sowohl *Hyphessobrycon callistus* (BOULENGER, 1900) als auch *H. serpae* DURBAN,

1908. Der sicherlich bekannteste Rosy Tetra hat eine sehr weite Verbreitung, die sich in den Ländern Brasilien, Bolivien, Paraguay und Argentinien vom Amazonasbecken über den Rio Guaporé bis in die bereits deutlich subtropischen Gebiete im Einzugs-

Hyphessobrycon eques wird in der Aquaristik oft fälschlich als *H. callistus* oder auch *H. serpae* bezeichnet.

bereich des unteren Rio Paraguay, des oberen Rio Paraná und westlicher Nebenflüsse des Rio Uruguay erstreckt. In diesem riesigen Areal tritt die Art in mehreren farblich etwas verschiedenen Populationen auf, was Anlass für die Beschreibung der oben genannten Synonyme war.

Von anderen Rosy Tetras, die zum Teil eine ganz ähnliche Gestalt und Färbung aufweisen, unterscheidet sich *Hyphessobrycon eques* durch die besonders intensive Rotfärbung seines Körpers, den großen, länglichen, häufig keil- bis tropfenförmig geformten schwarzen Schulterfleck, die beinahe gänzlich schwarz getönte Rückenflosse und den schwarz gefärbten hinteren Teil der Afterflosse. Seine maximale Gesamtlänge liegt bei gut vier Zentimetern.

Ein Indiz für die Popularität des Blutsalmlers bei Aquarianern bilden die zahlreichen Aufsätze, die im Laufe der Zeit über ihn veröffentlicht wurden. Dabei handelt es sich überwiegend um Zuchtberichte, die durch einige, meist spärliche

H. eques hat in Argentinien in westlichen Nebenflüssen des Rio Uruguay eine abweichende Färbung.

Beobachtungen über das Verhalten im Aquarium ergänzt werden.

Detaillierte Informationen über die natürlichen Lebensräume und die Ökologie dieses Salmlers fehlen dagegen weitestgehend in der aquaristischen Literatur. Sie werden im Folgenden ausführlicher dargestellt, da sie auch als exemplarisch für die meisten anderen Rosy Tetras gelten können.

95

Verbreitung und Ökologie

Nach meinen Beobachtungen an zahlreichen Fundorten bewohnt *Hyphesso-brycon eques* bevorzugt unbeschattete Gewässer mit einem üppigen submersen Pflanzenwuchs. Dort fand ich die Fische ausschließlich in der unmittelbaren Nähe

Viele der so genannten Rosy Tetras leben im Schwarzwasser.

von dichten Beständen von Wasser- und Sumpfpflanzen, in die sie sich bei Gefahr zurückzogen.

Einer meiner Fundorte ist ein seeartiges Gewässer im Einzug des Rio Guaporé, das von einem ausgedehnten sumpfigen Überschwemmungsgebiet umgeben und etwa 4 km nordöstlich der Ortschaft Vila Bela (Brasilien, Mato Grosso) gelegen ist. Die Salmler lebten dort in der Uferzone des Gewässers, die einen üppigen Pflanzenbestand (u. a. *Echinodorus paniculatus, Eichhornia diversifolia, E. azurea, Cabomba furcata, Utricularia* spp.) aufwies, bei einem Wasserstand von etwa 50 Zentimetern und hielten sich in den Zonen auf, wo die Wasseroberfläche weitgehend frei von Pflanzen war, flüchteten bei Störungen aber sofort in die dichte Vegetation. In dem klaren, gelblich gefärbten, strömungsfreien Wasser durchgeführte Messungen hatten folgende Ergebnisse: Wassertemperatur 24 °C; pH 6,0; GH und KH < 1° dH; elektrische Leitfähigkeit 30 µS/cm. Syntop wurden dort u. a. die Buntbarsche *Crenicaura punctulatum, Apistogramma inconspicua* sowie die Salmler *Carnegiella strigata* und *Aphyocharax rathbuni* gefangen.

Im Pantanal (Mato Grosso, Brasilien) habe ich in ganz ähnlichen Kleingewässern im Einzugsgebiet des Rio Cuiabá eine elektrische Leitfähigkeit zwischen 15 (bei 27 °C) und 30 Mikrosiemens (bei 25 °C) ermittelt. Sowohl die Gesamt- als auch die Karbonathärte lagen stets unter der Nachweisgrenze von 1° dH. Meist zeigte das Wasser eine saure Reaktion (pH-Wert 6,5-6,9), in einem Gewässer wurde jedoch der Wert 7,3 gemessen.

In Bolivien ermittelte ich im Fluss-System des oberen Rio Paraguay an mehreren Fundorten pH-Werte zwischen 7,2 und 7,6, eine Karbonathärte von 4° und eine Gesamthärte zwischen 1 und 1,5 °dH. Die elektrische Leitfähigkeit schwankte bei 25 °C zwischen 60 und 100 µS/cm.

96

Schließlich hatte ich die Gelegenheit, auch in Argentinien in der Provinz Corrientes mehrere Fundorte von *Hyphessobrycon eques* in Bächen mit einem üppigen Pflanzenwuchs zu untersuchen. Im Einzugsbereich des Rio Uruguay kam diese Art ausschließlich in weichem Wasser mit einer sauren Reaktion (pH 5,5-6,0) vor. Die Gesamt- und Karbonathärte lag stets unter der Nachweisgrenze von 1 °dH, und die elektrische Leitfähigkeit überschritt niemals 10 µS/cm. An einem Fundort am Rio Corrientes, einem Nebenfluss des unteren Rio Paraná, ermittelte ich jedoch eine Gesamt- und Karbonathärte von 7 °dH und eine elektrische Leitfähigkeit von 240 µS/cm. Der pH-Wert betrug dort 7,6.

Hyphessobrycon eques besitzt eine große Temperaturtoleranz mit einer erstaunlichen Kälteresistenz, denn die Verbreitung der Art erstreckt sich bis in Gebiete mit ausgeprägten jahreszeitlichen Temperaturschwankungen. Im März und April, d. h. gegen Ende der wärmeren Jahreszeit der Südhalbkugel, ermittelte ich zwar in den Lebensräumen des Blutsalmlers im Pantanal (Brasilien) Temperaturen zwischen 25 und 30° C, in Argentinien fing ich die Fische im Juli, das heißt im Winter der Südhalbkugel, jedoch mehrfach bei Wassertemperaturen zwischen 10,5 und 12,5° C. An einem Fundort betrug die Wassertemperatur sogar nur noch 6,3 °C.

Hyphessobrycon rosaceus DURBIN, 1909

Der Fundort der Typusexemplare des Schmucksalmlers ist Gluck Island im Essequibo River in Guyana, die ungefähr fünf Zentimeter große Art kommt aber auch im Nachbarland Surinam vor. Ein Synonym ist *Hyphessobrycon ornatus* Ahl, 1934 (WEITZMAN & PALMER, 1997). In der Aquaristik wurde dieser sehr beliebte Rosy Tetra häufig fälschlich als *Hyphessobrycon bentosi* bezeichnet. Artspezifische farbliche Merkmale, die eine Unterscheidung von anderen Rosy Tetras ermöglichen, sind die

Kennzeichen der Männchen von *Hyphessobrycon rosaceus* sind die weißen Spitzen der Afterflosse und der Bauchflossen.

Weibchen von *Hyphessobrycon rosaceus.*

weißen Spitzen der Afterflosse und der Bauchflossen, der besonders schmale schwarze Saum der Afterflosse, und je ein großer kräftig roter Fleck in beiden Hälften der Schwanzflosse.

97

Hyphessobrycon copelandi DURBIN, 1908

Dieses Männchen von *Hyphesso-brycon copelandi* stammt aus dem Caño Jigua im Einzugsgebiet des Rio Atabapo in Kolumbien.

Die Typusexemplare dieses besonders hübschen Salmlers stammen aus Brasilien aus der Umgebung von Tabatinga am Rio Solimões. Die Art hat anscheinend im Amazonasgebiet eine weitere Verbreitung und kommt möglicherweise sogar in Französisch-Guyana vor (WEITZMAN & PALMER, 1997). Der abgebildete gut vier Zentimeter lange Fisch stammt aus dem Einzugsgebiet des Orinoko in Kolumbien. Ich fing ihn im Schwarzwasser in der Ufervegetation des Caño Jigua, eines kleinen Zuflusses des Rio Atabapo (Wassertemperatur 24,4 °C, pH 4,4, 10 µS/cm, <1 °dGH, <1 °dKH).

Arttypische Merkmale sind die kräftig rote Schwanz- und Afterflosse, der deutlich ausgebildete tropfenförmige Schulterfleck, die oben rot gefärbte Iris und die bei den Männchen besonders große, außen schwarze Rückenflosse, deren vorderer Rand ebenso wie bei den Bauchflossen weiß gefärbt ist.

Hyphessobrycon erythrostigma (FOWLER, 1943)

Hyphessobrycon erythrostigma ist der größte Vertreter der Rosy Tetras.

Weibchen von *Hyphessobrycon erythrostigma*.

Mit einer maximalen Gesamtlänge von über sieben Zentimetern ist der so genannte Große Kirschflecksalmler, der in der älteren aquaristischen Literatur meist unter dem Synonym *Hyphessobrycon rubrostigma* HOEDEMAN, 1956 zu finden ist (WEITZMAN & PALMER, 1997), der größte Vertreter der Rosy Tetras. Fundorte der Fische sind für das obere Einzugsgebiet des Amazonas in den Ländern Kolumbien, Peru und Brasilien dokumentiert. Ihr wichtigstes farbliches Merkmal bildet ein etwas vor der Körpermitte gelegener auffälliger dunkelrosa bis kräftig roter Fleck. Von den anderen beiden Kirschflecksalmlern unterscheidet sich die Art durch ihre ungewöhnliche Größe und die bei den Männchen fahnenartig verlängerte Rückenflosse.

Hyphessobrycon pyrrhonotus BURGESS, 1993

Das Vorkommen des Rotrückigen Kirsch-flecksalmlers ist bisher nur für die Umgebung des Rio Erere, eines Nebenflusses des Rio Negro in Brasilien, dokumentiert, der auch der Typusfundort dieser Art ist. Männchen dieses vergleichsweise großen Rosy Tetras erreichen eine Gesamtlänge von knapp sechs Zentimetern. Von den anderen beiden Kirschflecksalmlern unterscheidet sich die Art durch ihre rot gefärbte Stirn- und Rückenregion.

Hyphessobrycon pyrrhonotus unterscheidet sich durch die rot gefärbte Stirn- und Rückenregion von anderen Kirschflecksalmlern.

Weibchen von *Hyphessobrycon pyrrhonotus*.

Hyphessobrycon socolofi WEITZMAN, 1977

Socolofs Kirschflecksalmler kommt im Einzugsgebiet des mittleren Rio Negro vor. Das Typusmaterial stammt aus der Umgebung der Stadt Barcelos. Die im Vergleich zu anderen Rosy Tetras große Art erreicht im männlichen Geschlecht eine Gesamt-

Mänchen von Socolofs Kirschflecksalmler haben kürzere Flossen.

länge von über sechs Zentimetern. Die Art kann infolge ihrer großen Ähnlichkeit leicht mit *Hyphessobrycon erythrostigma* verwechselt werden. Sie bleibt jedoch kleiner und besitzt im Unterschied zum Großen Kirschflecksalmler im männlichen Geschlecht eine erheblich kürzere Rückenflosse.

Hyphessobrycon columbianus GÉRY & ZARSKE, 2001

Der so genannte Blaurote Kolumbien-Salmler gehört zu den erst in jüngster Zeit entdeckten und beschriebenen Rosy Tetras, denn er wurde erst 1995 von Bork und Mitreisenden auf einer Sammelreise im äußersten Nordwesten Kolumbiens nahe der

Die ansprechende Färbung von *Hyphessobrycon columbianus* erklärt die Beliebtheit dieses kleinen Salmlers.

Grenze zu Panama entdeckt. Der Fundort der Typusexemplare liegt etwa sechs

Kilometer von der am Atlantik gelegenen Stadt Acandi entfernt an einem kleinen Bach im Einzugsgebiet des Rio Acandi. Obwohl infolge der Abgelegenheit des Fanggebietes anfangs nur zwölf Exemplare eingeführt wurden, hat die bis knapp sieben Zentimeter große Art, da sie in der Haltung völlig unproblematisch ist und sich in weichem, leicht saurem Wasser leicht züchten lässt, trotz der extrem kleinen Ausgangspopulation in der Aquaristik rasch eine weite Verbreitung gefunden. Die Fische, denen ein deutlicher Sexualdimorphismus fehlt, gehören zu den besonders prächtig gefärbten Rosy Tetras. Der kräftig blaue Glanz ihrer Rückenregion steht im Kontrast zu den zum Teil kräftig roten Flossen.

Hyphessobrycon pulchripinnis AHL, 1937

Hyphessobrycon pulchripinnis, der Zitronensalmler, entspricht wenig dem Aussehen anderer Rosy Tetras.

Der Zitronensalmler entspricht nicht nur wegen seiner gelblichen Körperfärbung, seiner teilweise gelb gefärbten After- und Rückenflosse und des Fehlens eines Schulterflecks wenig dem Aussehen anderer Rosy Tetras. Deshalb wird er von WEITZMAN & PALMER (1997) nur zögerlich und unter dem Vorbehalt einer weiteren Überprüfung diesem Verwandtschaftskreis zugeordnet. Er kommt in Brasilien in einem nur begrenzten Gebiet vor, das durch das Fluss-System des Rio Tapajós gebildet wird. Die maximale Gesamtlänge von *Hyphessobrycon pulchripinnis* liegt bei fünf Zentimetern.

Pristella maxillaris (ULREY, 1894)

Pristella maxillaris wird nur unter Vorbehalten zu den Rosy Tetras gezählt.

Im Unterschied zur Mehrzahl anderer Rosy Tetras wird der so genannte Wasserstieglitz oder Sternflecksalmler wegen einiger Besonderheiten bislang in einer eigenen monotypischen Gattung geführt und deshalb auch von WEITZMAN & PALMER (1997) nur unter Vorbehalten zu den Rosy Tetras gezählt. Die Art ist insbesondere in den Einzugsbereichen des Orinoko in Venezuela und den Flüssen der Guyanaländer, aber auch in Brasilien in Teilen des nördlichen Amazonasgebietes weit verbreitet.

100

Der weißlich bis silbrig aussehende Salmler, der einen Schulterfleck besitzt, erreicht eine maximale Gesamtlänge von gut fünf Zentimetern. Seine Schwanzflosse ist rötlich bis kräftig rot getönt. Sowohl die Rücken- als auch die Afterflosse sind dreifarbig mit einem gelben basalen, einem schwarzen mittleren und einem weißen äußeren Bereich.

Moenkhausia pittieri EIGENMANN, 1920

Typusfundort des in Venezuela verbreiteten so genannten Brillantsalmlers ist der Rio Tiquirito bei Concejo. Die um die sieben Zentimeter große Art weicht in ihrem Aussehen erheblich von den übrigen Rosy Tetras ab, wird von WEITZMAN & PALMER

Moenkhausia pittieri weicht im Aussehen erheblich von den übrigen Rosy Tetras ab,

(1997) wegen der Form der segelartig verlängerten Rückenflosse und ihres Imponierverhaltens aber dennoch vorläufig zu diesem Verwandtschaftskreis gezählt. Die wenig farbigen, überwiegend blaugrau gefärbten Fische haben eine oben kräftig rote Iris und tragen auf den Körperseiten zahlreiche unregelmäßige silberne bis grüngoldene Glanzflecken.

Hemigrammus unilineatus (GILL, 1858)

Auch der so genannte Schwanzstrichsalmler wird von WEITZMAN & PALMER (1997) nur unter Vorbehalten zu den Rosy Tetras gezählt. Ein wichtiger Grund ist unter anderem die zentrale schwarze Zone in der sonst weißlichen Rückenflosse. Ein Synonym

Hemigrammus unilineatus ist in Venezuela, den Guyanaländern und in Teilen des brasilianischen Amazonasgebietes verbreitet.

der mit einer Gesamtlänge von knapp sechs Zentimetern ausgewachsenen Art ist *Hemigrammus unilineatus cayennensis* GÉRY, 1959. Die Fische kommen in Venezuela, den Guyanaländern und in Teilen des Amazonasgebietes in Brasilien vor. Besondere farbliche Merkmale der sonst weißlich bis silbrig aussehenden Salmler finden sich nur in der Schwanzflosse, die stimmungsabhängig zart rötlich gefärbt ist, sowie in der Afterflosse, die hinter dem weißen vorderen Saum einen schmalen schwarzen submarginalen Streifen aufweist.

101

In Französisch-Guyana fing ich *Hemigrammus unilineatus* in kleinen, weiher- oder bachartigen Gewässern mit typischem äußerst mineralarmem und sehr saurem Schwarzwasser. Messungen an mehreren Fundorten hatten folgende Ergebnisse: pH-Wert 4,9-5,7; Gesamt- und Karbonathärte <1 °dH; elektrische Leitfähigkeit um 10 µS/cm.

Hyphessobrycon sp. „Tricolor Tetra"

Der „Tricolor Tetra" kommt im Einzugsgebiet des unteren Rio Ucayali in der peruanischen Provinz Requena an der Straße von Jenaro Herrera nach Colonia Agamos im Rio Copal und Rio Sapuena vor.

Dieser Rosy Tetra zählt zu den besonders kleinen Salmlern, denn die Fische erreichen nur eine maximale Gesamtlänge von gut 25 und eine Standardlänge von knapp 22 Millimetern. Wichtigstes Merkmal der Fische ist die markante Zeichnung in der Rückenflosse, deren Basis rosa bis rötlich, deren mittlerer Bereich schwarz und deren oberer, distaler Teil weiß gefärbt ist. Dieses Farbmuster gab Anlass zu den Handelsbezeichnungen Signalsalmler und „Tricolor Tetra". Auch der vordere Saum der Afterflosse und der Bauchflossen ist bei dem sonst silbrigweiß aussehenden kleinen Salmler, dem ein deutlicher Sexualdimorphismus fehlt, weiß oder zart rosa getönt. Zeitweilig wurde angenommen, dass es sich bei dieser Art um *Hyphessobrycon troemneri* (FOWLER, 1942) handelt, eine nicht nur aquaristisch kaum bekannte, sondern auch ichthyologisch nur unzulänglich untersuchte und definierte Art.

Lebende Fische sind schon Anfang der 80er-Jahre nach Deutschland gelangt. Im Jahre 1984 konnte ich diesen Salmler im Einzugsgebiet des unteren Rio Ucayali in der peruanischen Provinz Requena im Departamento de Loreto in mehreren Gewässern fangen. Meine Fundorte waren ein Bach am Stadtrand von Requena, sowie der Rio Copal und der Rio Sapuena an der Straße von Jenaro Herrera nach Colonia Agamos. Die Fische leben dort im typischen sauren und extrem mineralarmen Schwarzwasser oder seltener in einer Mischung aus Schwarz- und Klarwasser.

In den natürlichen Lebensräumen wurden bei Wassertemperaturen zwischen 24 und 27 °C pH-Werte von 5,5 bis 5,9 und eine elektrische Leitfähigkeit zwischen 14 und 19 µS/cm ermittelt. Die Gesamt- und die Karbonathärte lagen beide unter 1 °dH. Weitere Aquarienfische, die dort gefangen wurden, sind der Neonsalmler (*Paracheirodon innesi*), Beilbäuche (*Carnegiella strigata*), Schlanksalmler (*Nannostomus* spp.) und der Zwergcichlide *Apistogramma agassizii*.

102

azurea zusammensetzen. Die Phantomsalmler hielten sich nicht in den bodennahen Pflanzenbeständen auf, sondern dicht unter der Wasseroberfläche in den überall zahlreichen schwimmenden Inseln aus *Eichhornia azurea*. Das flache, voll der Sonne ausgesetzte weiche und saure Wasser hatte eine Temperatur von 29,4 °C (pH-Wert 5,7, elektrische Leitfähigkeit <10 mS/cm, <1 °dGH und °dKH). Der Grund des Gewässers war meist schlammig und mit einer hohen Schicht aus Mulm und abgestorbenen Pflanzen bedeckt.

Hyphessobrycon sweglesi (GÉRY, 1961)

Der Rote Phantomsalmler wurde von Kyle SWEGLES entdeckt und bereits kurz danach wissenschaftlich beschrieben. In der Erstbeschreibung wird als Typusfundort fälschlich Leticia angegeben. Dieser Irrtum wurde dann fünf Jahre später von GÉRY (1966) durch die Angaben Rio Muco und oberer Rio Meta in Kolumbien korrigiert. Der Rio Muco, der in der Umgebung von Puerto Gaitán entspringt, bildet einen der Quellflüsse des Rio Vichada, der ebenso wie der Rio Meta ein linksseitiger Nebenfluss des oberen Orinoko ist.

Ausgefärbte Männchen von *Hyphessobrycon sweglesi* sind prächtige Fische.

Weibchen des Roten Phantomsalmlers sind weniger intensiv gefärbt als die Männchen.

Der Rote Phantomsalmler, der im Jahre 1961 erstmals als Aquarienfisch lebend importiert wurde, besitzt einen deutlichen Sexualdichromatismus und Flossendimorphismus. Männliche Exemplare können eine Gesamtlänge von gut vier Zentimetern erreichen. Ihr großer Schulterfleck ist meist rundlich geformt. Insbesondere bei balzenden oder kämpfenden Fischen zeigen alle unpaarigen Flossen und die Bauchflossen ein sehr kräftiges Rot. Nur ihre fahnenartig vergrößerte Rückenflosse weist außen einen schwarzen Fleck oder Saum auf. Bei adulten weiblichen Fischen trägt die erheblich kleinere Flosse immer einen großen schwarzen Fleck, der bei ihnen im Unterschied zu den Männchen außen weiß gesäumt ist und innen von einer orangefarbenen Zone begrenzt wird.

Die Weiher und kleineren Fließgewässer im Verbreitungsgebiet von *Hyphessobrycon sweglesi* zeichnen sich im Allgemeinen durch klares, sehr weiches und

107

saures Wasser aus. LINKE fing den Roten Phantomsalmler rund 80 km südöstlich von Puerto Gaitán in der Nähe des Rio Muco in einem Weiher mit schlammigem Grund und stark verkrauteter Uferzone zusammen mit den Salmlern *Hemigrammus rhodostomus*, *Hyphessobrycon pulchripinnis*, einer Beilbauchart und dem Zwergcichliden *Apistogramma viejita*. Mehrere von ihm in diesem Gebiet im März vorgenommene Messungen von wichtigen Parametern des Wassers ergaben bei Wassertemperaturen von 28 °C stets pH-Werte um 5,5, eine elektrische Leitfähigkeit um 10 µS/cm und eine Härte von >1 °dGH und °dKH (LINKE & STAECK, 2001).

Hyphessobrycon roseus (GÉRY, 1960)

Das Männchen von *Hyphessobrycon roseus* aus dem Tapanahony ist erheblich schlanker als das Weibchen.

Weibchen des Gelben Phantomsalmlers aus dem Tapanahony in Surinam.

Der Gelbe Phantomsalmler bleibt etwas kleiner als die beiden anderen Arten und erreicht nur eine maximale Gesamtlänge von rund drei Zentimetern. Ihm fehlt der ausgeprägte Sexualdichromatismus und Flossendimorphismus der übrigen Phantomsalmler. Adulte männliche Fische sind allerdings erheblich schlanker als die weit hochrückigeren Weibchen. Darüber hinaus ist auf dem Grund der vorderen Rückenflosse weiblicher Exemplare im Unterschied zu den Männchen häufig ein gelber Fleck zu erkennen.

Die wichtigsten farblichen Merkmale von *Hyphessobrycon roseus* bilden eine gelbgrüne Zone in der vorderen unteren Körperregion und ein roter Bereich in der hinteren Körperhälfte, der sich bis weit in die Schwanzflosse erstrecken kann. Im Bereich ihrer vorderen Flossenstrahlen sind After- und Rückenflosse weißlich gefärbt. Sonst sind alle Flossen farblos und transparent. Der auch bei dieser Art recht große Schulterfleck ist rundlich geformt.

Den Typusfundort von *Hyphessobrycon roseus* bilden Bäche in der Umgebung von Gaa Kaba, die im Einzugsgebiet des mittleren Maroni in Französisch Guyana liegen. In diesem Land sind weitere Fundorte im oberen Maroni sowie im Oyapock belegt.

Im Jahre 1996 konnte ich das Vorkommen des Gelben Phantomsalmlers erstmals auch im Nachbarland Surinam nachweisen. Dort fing ich die Fische bei Palumeu im Tapanahony in der Umgebung der Palawa-Ituri-Stromschnellen. Dieser

Fluss mündet später in den mittleren Marowijne oder Maroni, der die Grenze zwischen Surinam und Französisch Guyana bildet.

Die Gelben Phantomsalmler fand ich dort abseits der Stromschnellen in einer ruhigen, strömungsarmen Seitenbucht, in deren Uferbereich viel totes Holz und eine Laubschicht den Gewässergrund bedeckten, im Schutz der in das Wasser reichenden emersen Ufervegetation. Das recht klare, bräunliche Wasser, das am Fundort eine Temperatur von 25 °C hatte, war sehr weich und sauer (pH 6,5; elektrische Leitfähigkeit 10 µS/cm; Härte: <1 °dGH und °dKH).

Königs- und Kaisersalmler (Tetragonopterinae)

Die im Folgenden behandelten fünf kleinen Salmler, die wegen ihrer besonders ansprechenden Färbung unter den Bezeichnungen Königssalmler, Kaisersalmler oder Kaisertetras in der Aquaristik bekannt sind, bilden keine systematische Einheit. Alle fünf Arten gehören zwar in die Unterfamilie Tetragonopterinae, werden aber, weil sie nicht näher miteinander verwandt sind, drei verschiedenen Gattungen zugeordnet.

Alle Königs- und Kaisersalmler sind anspruchslose Pfleglinge, deren erfolgreiche Haltung keine speziellen Wasserwerte zur Voraussetzung hat und die alle gängigen Futtermittel gern fressen. Ihre Pflege in einem gut bepflanzten Aquarium ist uneingeschränkt zu empfehlen. Auch ihre Zucht, die paarweise oder im Daueransatz möglich ist, gestaltet sich in einem mit feinfiedrigen Pflanzen oder auch einem ähnlichen künstlichen Laichsubstrat ausgestatteten Zuchtaquarium vergleichsweise unproblematisch. Die Larven schlüpfen im Allgemeinen gut 24 bis knapp 36 Stunden nach der Laichabgabe aus den Eiern. Nach ungefähr drei Tagen beginnen die Jungfische zu schwimmen. Sie benötigen nur kurze Zeit Staubfutter, denn spätestens nach drei weiteren Tagen können sie die gerade geschlüpften Nauplien von *Artemia salina* bereits bewältigen.

Trotz seiner dezenten Farbe gehört der Kaisersalmler zu den prächtigsten Aquarienfischen.

Nematobrycon palmeri EIGENMANN, 1911

Die Typusfundorte des Kaisersalmlers liegen sowohl im Rio Condoto als auch im Rio Tamana im Südwesten Kolumbiens. Die bis sechs Zentimeter langen Fische sind in den Einzugsgebieten des Rio Atrato und Rio San Juan endemisch.

Männchen des Kaisersalmlers haben vergrößerte und verlängerte Flossen.

Manche Weibchen von *Nematobrycon palmeri* besitzen eine rötliche Schwanzflosse.

Nematobrycon palmeri besitzt einen deutlichen Sexualdimorphismus der Flossen, da sowohl die äußeren als auch die mittleren Strahlen der Schwanzflosse bei adulten Männchen eine fadenförmige Verlängerung aufweisen, die bei weiblichen Fischen nur angedeutet ist. Die obere Körperhälfte dieses Salmlers trägt einen gelbgrünen bis blaugrünen Glanz. Seine untere Körperregion ist dagegen größtenteils dunkelblau getönt. Vom Unterkiefer erstreckt sich ein breites schwärzliches Längsband bis in die fadenförmige Verlängerung der mittleren Strahlen der weinrot getönten Schwanzflosse. Die Afterflosse besitzt einen schmalen gelben Saum und darüber einen schwarzen submarginalen Streifen. Die Iris der Männchen ist zumindest teilweise weinrot, die der Weibchen gelb getönt.

Nematobrycon lacortei WEITZMAN & FINK, 1971

Der Rotaugen-Kaisersalmler ist im Einzugsgebiet des Rio San Juan in Kolumbien endemisch. Das Typusmaterial, das Grundlage der Erstbeschreibung ist, stammt wahrscheinlich aus dem Rio Calima. Ausgewachsene Männchen erreichen eine Gesamtlänge von gut fünf Zentimetern.

Ausgewachsenes Männchen von *Nematobrycon lacortei* (Foto: H.-G. Evers)

Trotz seiner eher dezenten Farben gehört der Rotaugen-Kaisersalmler zweifellos zu den prächtigsten Salmlern. Auf der rötlichbraunen Grundfärbung des Körpers liegt insbesondere in der vorderen Körperhälfte ein goldener bis grüngoldener Glanz. Der Kopf trägt einen rötlichen, der hintere

110

Bereich des Körpers einen bläulichen Anflug. Besonders auffallend sind die kräftig roten Augen. Ein dunkles Längsband erstreckt sich bei den Männchen vom Auge bis in die fadenförmige Verlängerung im mittleren Bereich ihrer rötlich getönten Schwanzflosse. Die Afterflosse trägt unter ihrem weißlichen Saum einen braunroten submarginalen Streifen. Obwohl der Rotaugen Kaisersalmler ein atraktiv gefärbter Aquarienfisch ist, wird er nur selten importiert, da sein kleines Verbreitungsgebiet sehr abgelegen ist

Inpaichthys kerri GÉRY & JUNK, 1977

Der so genannte Blaue Kaiser- oder Königssalmler stammt aus dem nördlichen Teil des brasilianischen Bundesstaates Mato Grosso. Sein Typusfundort liegt am oberen Rio Aripuanã nahe der Stadt Humboldt im Einzugsgebiet des Rio Madeira. Offenbar ist die Art in diesem Gebiet endemisch, da sie nur von dort bekannt ist. Die maximale Länge der Fische liegt bei ungefähr vier Zentimetern.

Ihr auffälligstes Zeichnungsmuster bildet ein schwärzliches Längsband, das vor dem

Dominantes Männchen von *Inpaichthys kerri.*

Weibchen des Königssalmlers sind an ihrer roten Fettflosse zu erkennen.

Auge beginnt und sich, immer breiter werdend, bis auf den Grund der Schwanz-flosse erstreckt. Insbesondere bei den Männchen trägt der Körper einen intensiv blauvioletten bis himmelblauen Farbton. Ihre Fettflosse ist blau, die der weiblichen Exemplare dagegen rot oder bräunlich gefärbt.

Königssalmler sind sehr lebhafte, schwimmfreudige Fische, die sich deshalb nur für die Pflege in größeren Aquarien eignen, die neben einem freien Schwimm-raum aber auch dichter bepflanzte Bereiche enthalten. Es empfiehlt sich, diese Salmler nur in einer Gruppe zu halten, die mindestens aus einem knappen Dutzend Exemplaren besteht, da sie sonst untereinander sehr zänkisch sind.

Hyphessobrycon cyanotaenia ZARSKE & GÉRY, 2006

Hyphessobrycon cyanotaenia wird wegen der Ähnlichkeit auch Falscher Königssalmler genannt. (Foto: H.-G. Evers)

Der so genannte Falsche Königssalmler oder Lapis-Tetra ist eine erst Anfang dieses Jahrhunderts entdeckte Art, die um den Jahreswechsel 2001/2002 durch den Zoofachhandel erstmals nach Deutschland importiert wurde. Sie ist aus dem Südosten Brasiliens ohne genaue Fundortangaben eingeführt worden. In ihrer wissenschaftlichen Erstbeschreibung, die auf der Grundlage von sieben Exemplaren erfolgte, die entweder importiert oder im Aquarium gezüchtet wurden, wird der Rio Guamá im brasilianischen Bundesstaat Pará als vermutlicher Fundort genannt.

Die Fische erreichen eine Totallänge von ungefähr vier Zentimetern. Die Bezeichnung Falscher Königssalmler bezieht sich auf ihre große Ähnlichkeit mit *Inpaichthys kerri*, die anfangs auch Anlass für die Vermutung war, es würde sich bei *Hyphessobrycon cyanotaenia* um eine zweite *Inpaichthys*-Art handeln. Wie beim Königssalmler erstreckt sich auch beim Falschen Königssalmler ein schwärzliches Längsband über die gesamte mittlere Körperregion, endet aber im Unterschied nicht bereits auf der Basis, sondern erst am hinteren Rand der Schwanzflosse. Der Körper zeigt ebenfalls einen kräftigen Blauton. Auch der Lapis-Tetra ist ein anpassungsfähiger, lebhafter und schwimmfreudiger Salmler, den man in einer Gruppe halten sollte.

Hyphessobrycon nigricinctus Zarske & Géry 2004

Männchen des Peru-Kaisersalmlers *(Hyphessobrycon nigricinctus)*.

Der so genannte Peru-Kaisersalmler gehört ebenfalls zu den in jüngster Zeit entdeckten Arten, denn er wurde erstmals im Jahre 2003 von NUMRICH gefangen und importiert. Die bisher veröffentlichten Fundorte liegen im Süden Perus in der Umgebung der Orte Mazuco und Puerto San Carlos im Einzugsgebiet des Rio Inambari, eines Nebenflusses des Rio Madre de Dios, sowie bei der Ortschaft Alegria im Einzugsgebiet des Rio Manuripi. Dort leben die Fische in flachen, klaren Bächen mit sehr weichem und schwach saurem Wasser (HOFFMANN & HOFFMANN, 2005).

Artspezifische farbliche Merkmale der Fische bestehen in dem dunklen Längsband, das sich vom Rand des Kiemendeckels bis zum hinteren Rand der Schwanzflosse erstreckt und sich im hinteren Bereich des Körpers stimmungsabhängig weit nach unten ausdehnen kann, in der roten Fettflosse, in der oben rot gefärbten Iris und in den bei männlichen Fischen ebenfalls kräftig rot gefärbten äußeren Bereichen der Rücken-, Schwanz- und Afterflosse. Die Geschlechter lassen sich bei dieser dimorphen Art gut unterscheiden, da die Männchen nicht nur stärker rot gefärbt sind, sondern im Unterschied zu den Weibchen auch eine vergrößerte Afterflosse besitzen, die in der Mitte ihrer ersten Flossenstrahlen mit winzigen, mit bloßem Auge schlecht erkennbaren Häkchen besetzt ist.

Neonsalmler (Tetragonopterinae)

Zu der kleinen Zahl von Aquarienfischen, die nicht nur bei Aquarianern, sondern auch außerhalb des Hobbys gut bekannt sind, zählt der Neonsalmler oder Neonfisch, der seit seiner Entdeckung vor rund siebzig Jahren aufgrund seiner ungewöhnlichen, beinahe unnatürlich wirkenden prächtigen Färbung zu den beliebtesten Pfleglingen im Gesellschaftsaquarium gehört. Gegenwärtig sind drei Arten von Neonsalmlern bekannt, die sich aufgrund der jeweils typischen Verteilung und Anordnung der roten und blauen Farbzonen problemlos unterscheiden lassen. Obwohl sie ursprünglich in den Erstbeschreibungen anderen Gattungen (*Hyphessobrycon*, *Cheirodon*) zugeordnet wurden, folgt man neuerdings der Ansicht von WEITZMAN & FINK (1983), die alle drei Arten in der Gattung *Paracheirodon* führen. Neben diesen drei eigentlichen Neonsalmlern werden in der Aquaristik noch zwei weitere Arten als Neonfische bezeichnet, da sie ebenfalls auf ihrem Körper intensiv leuchtende Längsstreifen tragen, deren Brillanz und Leuchtkraft an das Licht der ursprünglich mit dem Edelgas Neon gefüllten Leuchtstoffröhren erinnern.

Pflege im Aquarium

Aus Untersuchungen in den natürlichen Lebensräumen aller Neonsalmler lässt sich ableiten, dass diese Fische in weichem und saurem Wasser ideale Lebensbedingungen finden. Andererseits hat sich jedoch erwiesen, dass man Neonsalmler auch in mittelhartem Wasser mit einer schwach alkalischen Reaktion lange Jahre bei bester Gesundheit pflegen kann. Die wiederholt publizierte Ansicht, dass die Pflege dieser Fische in hartem Wasser zur Ausfällung von Calciumsalzen in der Niere und damit zu einer Schädigung dieses lebenswichtigen Organs (Nephrocalcinose) führt, wird von SCHMIDT (1996) ausführlich diskutiert und als unbewiesene Hypothese zurückgewiesen. Selbst für die Zucht von Neonsalmlern müssen keineswegs die extremen Wasserwerte der natürlichen Biotope nachgeahmt werden (GEISLER & ANNIBAL, 1984): ELIAS (1975) empfiehlt beispielsweise eine Gesamthärte von 1-2 °dH und pH-Werte zwischen 6,3 und 6,8. GEISLER (1994) macht darauf aufmerksam, dass die günstigsten Temperaturen für die Zucht von *Paracheirodon innesi* zwischen 22 und 24 °C liegen, obwohl in den natürlichen Lebensräumen auch weit höhere Werte auftreten. DACHSEL (1990) beschreibt schließlich, dass der Neonsalmler erstaunlich kälteresistent ist und eine Wassertemperatur von nur 17 °C verträgt. Derartig extrem niedrige Werte sollte man den Fischen jedoch auf gar keinen Fall für längere Zeit zumuten.

Wenn sich Neonsalmler wohl fühlen, schwimmen sie in einem lockeren Verband, in dem jeder Fisch zum Nachbarn einen bestimmten Mindestabstand einhält.

Alle Neonsalmler sind gesellig lebende Fische, die daher ausschließlich in einer Gruppe von mindestens zehn Exemplaren zu pflegen sind. Wenn sie sich wohl fühlen, schwimmen sie in einem lockeren Verband, das heißt, jeder Fisch hält zum Nachbarn einen bestimmten Mindestabstand ein. Wird diese Individualdistanz zum Artgenossen jedoch dadurch unterschritten, dass sich ein Fisch einem anderen zu sehr nähert, dann droht oder flüchtet dieser. Sobald die Neonsalmler aber beunruhigt werden und sich bedroht fühlen, schließen sie sich rasch zu einem dichten Schwarm zusammen, der solange bestehen bleibt, bis die Bedrohung aufgehört hat und sich die Fische wieder beruhigt haben.

Neonsalmler kommen am besten in einem geräumigen, gut bepflanzten Aquarium zur Geltung, das nicht zu stark beleuchtet wird und den Fischen neben den erforderlichen Schutzzonen und Versteckmöglichkeiten auch einen

114

Hemigrammus hyanuary DURBIN, 1918

Der Typusfundort des so genannten Grünen Neonsalmlers oder Costello-Neon ist der Lago Januari südöstlich von Manaus in Brasilien. Die Fische, die eine Länge von gut fünf Zentimetern erreichen, sind jedoch im Amazonasgebiet weit verbreitet und kommen auch in Peru vor. Ihre Grundfarbe besteht überwiegend aus einem gelblichen oder weißlichen bis silbernen Grau. Vom Rand des Kiemendeckels erstreckt sich jedoch bis zur Basis der Schwanzflosse ein grünlich leuchtender Glanzstreifen, der nur in der hinteren Körperhälfte unten von einer breiten schwärzlichen Zone begrenzt wird, die sich bis in die Caudale hineinzieht. Vor dem Grund der Schwanzflosse befindet sich in der oberen Hälfte des Schwanzstiels ein golden glänzender Fleck. Im Zoofachhandel gibt es unter der Bezeichnung *Hemigrammus* sp. aff. *hyanuary* eine taxonomisch nicht bearbeitete ähnlich gefärbte Art unbekannter Herkunft.

Ein von mir untersuchter Fundort des Grünen Neonsalmlers im Einzugsgebiet des unteren Rio Ucayali in Peru ist der Rio Yanayacu südlich von Iquitos. Die Fische lebten dort im Weißwasser bei einer Wassertemperatur von 27 °C und einem pH-Wert von 6,5. Die elektrische Leitfähigkeit betrug 280 µS/cm. Die Gesamthärte lag bei 5 °dH, die Karbonathärte bei 7 °dH.

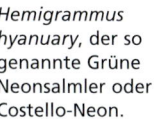

Hemigrammus hyanuary, der so genannte Grüne Neonsalmler oder Costello-Neon.

Im Zoofachhandel gibt es unter der Bezeichnung *Hemigrammus* sp. aff. *hyanuary* eine taxonomisch nicht bearbeitete ähnlich gefärbte Art unbekannter Herkunft.

Die meisten Neonsalmer leben in einer Mischung aus Klar- und Schwarzwasser.

Rotaugen-Moenkhausien (Characidae)

Rotaugen-Moenkhausien sind in der Aquaristik seit langem bekannt, denn die ersten Importe gelangten bereits 1914 nach Hamburg, wie Publikationen aus den folgenden Jahren belegen. Die Fische starben jedoch in Europa bald wieder aus, und eine erneute Einfuhr fand offenbar erst in den 50er-Jahren statt. Seitdem gehören diese Salmler zu den populärsten Aquarienfischen und zum Standardangebot jeder größeren Zoofachhandlung. Wildfänge aus den natürlichen Lebensräumen sind jedoch heute die Ausnahme, da Nachzuchten den Bedarf des Handels decken.

Rotaugen-Moenkhausien werden sowohl im zoologischen Fachhandel als auch in der aquaristischen Literatur im Allgemeinen unter dem Namen *Moenkhausia sanctaefilomenae* geführt. Diese Spezies ist 1907 von dem in Wien arbeitenden Ichthyologen STEINDACHNER auf der Grundlage von Exemplaren, die er auf einer Expedition in Brasilien selbst gefangen hatte, als *Tetragonopterus sanctae Filomenae* beschrieben worden. Der Fundort war eine Lagune am oberen Rio Parnahyba (Parnaíba) bei der Ortschaft Sancta Filomena im Grenzgebiet der beiden Bundesstaaten Piauí und Maranhão in Nordostbrasilien. SCHINDLER (1995) wies darauf hin, dass bei Verbreitungsangaben in der aquaristischen Literatur häufig der Rio Parnaíba mit dem erheblich weiter südlich gelegenen Rio Paranaiba verwechselt wurde, der zum Einzugsgebiet des Rio Paraná gehört. Die generelle Zuordnung der in der Aquaristik verbreiteten Rotaugen-Moenkhausien zu der Art *Moenkhausia sanctaefilomenae* ist allerdings alles andere als gesichert, denn einerseits werden aus Nordostbrasilien kaum Aquarienfische exportiert, und andererseits gibt es mehrere in Habitus und Färbung sehr ähnliche Populationen von Rotaugen-Moenkhausien, die noch nicht taxonomisch bearbeitet wurden.

STEINDACHNER hatte schon früher im Jahre 1876 aus dem oberen Amazonas bei Tabatinga eine ganz ähnlich aussehende Art als *Tetragonopterus agassizii* beschrieben. Noch ein Jahrzehnt früher hatte bereits GÜNTHER im Jahre 1864 einen weiteren, von SCHOMBURGK in Guyana gesammelten Salmler mit weitgehend identischer Gestalt und Färbung als *Tetragonopterus oligolepis* beschrieben. Eine vierte Rotaugen-Moenkhausie ist schließlich 1908 von EIGENMANN als *Moenkhausia australe* beschrieben worden. Die Fundorte der von ANISITS gesammelten Typusexemplare dieser Art sind der Arroyo Trementina und der Arroyo Chagalalina im Einzugsgebiet des Rio Paraguay in Paraguay und Argentinien.

Im Laufe der Zeit haben Ichthyologen (EIGENMANN, 1917; JÉRY, 1977; BENINE, 2003) immer wieder die Meinung vertreten, *Moenkhausia agassizii* sei ein Synonym von *M. oligolepis* und *M. australe* ein Synonym von *M. sanctaefilomenae*. In jüngster Zeit gilt aber als eher wahrscheinlich, dass es mehr als nur diese zwei Arten von Rotaugen-Moenkhausien gibt (ESCHMEYER, 1998), obwohl die dringend erforderliche grundlegende Bearbeitung dieses Verwandtschaftskreises noch aussteht. Diese Annahme wird auch durch einen Vergleich mehrerer Populationen gestützt, die in ganz unterschiedlichen, weit voneinander entfernt liegenden Fluss-Systemen Südamerikas beheimatet sind und die ich im Laufe mehrerer Jahre studieren konnte.

Gemeinsame Merkmale aller Rotaugen-Moenkhausien sind die weißliche, silbrig glänzende Körperfarbe, eine breite, bandartige schwarz gefärbte Zone, die sich über den hinteren Bereich des Schwanzstiels und den vorderen Teil der Schwanzflosse erstreckt, sowie die rot gefärbte obere Hälfte der Iris. Wichtige Unterscheidungsmerkmale bilden dagegen die Zahl der Schuppen in einer Längsreihe und auf der Seitenlinie, die Zahl der Strahlen in der Afterflosse, die Größe der Schwanzflosse sowie die Ausbildung und Form des Schulterflecks und einer hellen, oft gelblichen Zone vor dem Schwanzfleck.

Moenkhausia sanctaefilomenae (STEINDACHNER, 1907)

Ein wichtiges Erkennungsmerkmal der aus diesem Verwandtschaftskreis am häufigsten gepflegten Art, deren Typusfundort am Rio Parnaíba im Grenzgebiet der beiden Bundesstaaten Piauí und Maranhão in Nordostbrasilien liegt, bildet die unge-

Moenkhausia sanctaefilomenae im Aquarium.

wöhnlich geringe Zahl von Schuppen, die sie auf der Seitenlinie aufweist, denn STEINDACHNER gibt in der Erstbeschreibung an, dass die Seitenlinie nur aus 22-24 Schuppen besteht. Der schwarze Humeralfleck im Schulterbereich ist gut ausgebildet und in vertikaler Richtung bandartig verlängert. Vor dem Schwanzfleck ist ein heller, gelblicher Bereich deutlich erkennbar.

Ich fand diese Spezies, deren maximale Länge bei acht Zentimetern liegt, im Einzugsgebiet des Rio Parnaiba westlich der Stadt Teresina am Riacho Ponti, in einem kleinen Flüsschen, das zur Regenzeit Ende März bei einer Breite von fünf bis etwa zehn Metern und einer maximalen Tiefe von ungefähr einem guten

123

Meter eine sehr starke Strömung besaß und gelbes, sehr trübes Wasser führte. Der Gewässergrund bestand aus Kies und grobem Sand. Die Rotaugen-Moenkhausien hielten sich in strömungsarmen Bereichen des Ufers im Schutz der überschwemmten Ufervegetation auf. Am Fundort durchgeführte Messungen verschiedener Parameter des Wassers hatten folgende Ergebnisse: Wassertemperatur 27 °C; pH-Wert 6,7; elektrische Leitfähigkeit 20 µS/cm; Gesamt- und Karbonathärte unterhalb der Nachweisgrenze von 1 °dH. Vier Tage später ermittelte ich nach einem erheblichen Fallen des Wasserstandes an derselben Stelle bei gleicher Temperatur 40 µS/cm und einen pH-Wert von 6,9. Weitere dort nachgewiesene Fische waren *Aspidoras raimundi, Micropoecilia branneri* und *Geophagus parnaibae*.

Moenkhausia pyrophthalma COSTA, 1994

Moenkhausia pyrophthalma ist eine sehr schlanke Art.

Dieser erst spät beschriebene Salmler ähnelt durch die oben rot gefärbte Iris, durch den dunklen Schwanzfleck, vor dem ein heller, gelblicher Bereich ausgebildet ist, und den stimmungsabhängigen dreieckigen bis tropfenförmigen schwarzen Schulterfleck den anderen Rotaugen-Moenkhausien. Er unterscheidet sich von ihnen aber insbesondere durch seinen ungewöhnlich gestreckten, schlanken Körper und die besonders hohe Zahl von 27-28 Schuppen, die in der Längslinie gezählt werden. Der Typusfundort liegt im brasilianischen Bundesstaat Mato Grosso im Einzugsgebiet des Rio das Mortes, eines Nebenflusses des Rio Araguaia, in dem die bis knapp fünf Zentimeter lange Art weit verbreitet ist. EVERS (1999) ermittelte dort an einem Fundort folgende Wasserwerte: Wassertemperatur 28,2 °C; pH-Wert 5,5; elektrische Leitfähigkeit 13 µS/cm.

Moenkhausia australe EIGENMANN, 1908

Moenkhausia australe aus dem oberen Rio Paraguay.

Diese Rotaugen-Moenkhausie, deren Typusfundorte in Paraguay und Argentinien liegen, die jedoch im Fluss-System von Rio Paraguay und Rio Paraná weit verbreitet ist, wird meist als Synonym von *Moenkhausia sanctaefilomenae* betrachtet (BENINE, 2003).

124

Das wichtigste in der Erstbeschreibung genannte Unterscheidungsmerkmal bildet die höhere Zahl von 24-26 Schuppen, die auf der Seitenlinie gezählt werden. Typische farbliche Kennzeichen sind eine gut ausgebildete helle Zone vor dem Schwanzfleck und ein sich nach unten keilförmig verjüngender großer Schulterfleck.

Ein von mir zweimal besuchter Fundort bildet ein ausgedehntes Sumpfgebiet am oberen Rio Paraguay westlich der Stadt Cáceres. Dort lebten die Moenkhausien gesellig am Rande sehr üppiger Bestände von Sumpfpflanzen (Wassertemperatur 30-31,4 °C; pH-Wert 6,3-6,9; elektrische Leitfähigkeit 15-50 µS/cm; <1 °dGH und dKH). Neben weiteren Salmlern zählten zu den dort nachgewiesenen Fischen die Zwergbuntbarsche *Apistogramma borellii, A. commbrae* und *A. trifasciata* sowie Killifische aus den Gattungen *Plesiolebias, Pterolebias* und *Trigonectes*.

Fundort mehrerer Salmlerarten im Einzugsgebiet des Rio Paraguay in Paraguay

Ein weiterer Fundort, der erheblich weiter südlich am mittleren Rio Paraná in Argentinien liegt, ist ein Bach etwa 50 km nördlich der Ortschaft San Roque. In dem mit zahlreichen Sumpfpflanzen (*Cabomba caroliniana* var. *flava, Sagittaria montevidensis, Eichhornia azurea, Hydrocleys nymphoides*) stark verkrauteten Gewässer lebten neben den Moenkhausien auch Raubsalmler aus den Gattungen *Hoplias* und *Erythrinus*, Schwielenwelse sowie die Zwergcichliden *Apistogramma borellii* und *Laetacara dorsigera*. Im Juli, das heißt während der kalten Jahreszeit, betrug die Temperatur in diesem Gewässer nur 12 °C (pH-Wert 6,0; elektrische Leitfähigkeit 40 µS/cm; Gesamthärte < 1, Karbonathärte 2 °dH).

Moenkhausia agassizii (STEINDACHNER, 1876)

Moenkhausia agassizii aus dem oberen Amazonas bei Tabatinga wird im Allgemeinen als Synonym von *Moenkhausia oligolepis* aus Guyana angesehen. Nach EIGENMANN (1912, 1917), der zahlreiche Exemplare aus mehreren Flüssen Guyanas

Moenkhausia agassizii aus dem Rio Yanayacu in Ekuador.

125

untersuchte, insbesondere aus dem Potaro-River, besitzt *Moenkhausia oligolepis* die ungewöhnlich hohe Zahl von 29-32 (meist 30 bis 31) Schuppen in einer Längsreihe. Die helle Zone vor dem Schwanzfleck, der auf den äußeren Flossenstrahlen nach hinten verlängert ist, fehlt völlig oder ist nur angedeutet, der große, längliche Schulterfleck ist jedoch kräftig ausgebildet. Diese Art wird im Gegensatz zu anderen Rotaugen-Moenkhausien über zehn Zentimeter lang.

Moenkhausia agassizii besitzt dagegen nach der Erstbeschreibung im Unterschied zu *M. oligolepis* nur 28 Schuppen längs der Seitenlinie und einen kleinen, nur schwach ausgebildeten Schulterfleck. Rotaugen-Moenkhausien, die sich aufgrund der kontrastreichen hellen Zone vor dem Schwanzfleck und des schwach ausgeprägten Schulterflecks von *M. oligolepis* unterscheiden und wegen ihrer geringen Zahl von Schuppen in der Längsreihe gut *M. agassizii* entsprechen, fing ich in Ecuador in den Einzugsbereichen des Rio Napo und des Rio Aguarico nordöstlich der Stadt Coca und wenige Kilometer westlich der Stadt Lago Agrio. Einer der Fundorte ist der Rio Yanayacu, wo die Fische in den strömungsarmen Bereichen des sehr klaren Flusses im Schutze dichter Bestände von *Myriophyllum mattogrossense* zusammen mit jungen Cichliden aus den Gattungen *Mesonauta*, *Aequidens* und *Crenicichla* lebten (Wassertemperatur 20,7-25 °C; pH-Wert 6,8-7,1; elektrische Leitfähigkeit 20-50 µS/cm; Gesamthärte < 1, Karbonathärte 2 °dH).

Moenkhausia sp. „Rio Tocantins"

Moenkhausia sp. „Rio Tocantins" aus Brasilien.

Typisch für diese Rotaugen-Moenkhausie erscheint, dass bei ihr sowohl der helle Bereich vor dem Schwanzfleck als auch der Schulterfleck nur schwach und andeutungsweise ausgebildet sind. Ein weiteres Merkmal bildet ferner die sehr kleine Schwanzflosse. In einer Längsreihe besitzen diese Fische 26-27 Schuppen. Der Fundort liegt im Osten des brasilianischen Bundesstaates Pará etwa 25 Kilometer südlich der Stadt Marabá. Die Moenkhausien wurden dort in einem Urwaldbach im Einzugsbereich des Rio Sororó gefangen, eines Nebenflusses des Rio Tocantins. Die sehr artenreiche Lebensgemeinschaft dieses Fundorts bestand aus zahlreichen Salmlern sowie Welsen aus den Gattungen *Otocinclus* und *Corydoras* (Wassertemperatur 22,5 °C; pH-Wert 6,9; elektrische Leitfähigkeit 30 µS/cm; - < 1 °dGH und dKH).

Moenkhausia sp. „Rio Mamoré"

Diese Rotaugen-Moenkhausie aus Bolivien zeichnet sich durch ein im Vergleich zu anderen Formen wenig kontrastreiches Farbkleid aus: Sowohl der kleine, rundliche Schulterfleck als auch der helle Bereich vor dem Schwanzfleck sind nur

Moenkhausia sp. „Rio Mamoré" aus dem Rio Pirai in Bolivien.

andeutungsweise ausgebildet. Hinzu kommt, dass die rote Farbzone in der oberen Iris ebenfalls sehr blass erscheint. Ein Fundort dieser Fische liegt wenige Kilometer östlich der Stadt Portachuelo im Einzugsbereich des Rio Pirai, der über den Rio Yapacani zum Einzugsbereich des Rio Mamoré gehört. Die Fische wurden zusammen mit einer *Pyrrhulina*-Art und *Apistogramma linkei* in einem Weiher gefangen, der einen üppigen Bestand an Wasser- und Sumpfpflanzen aus den Gattungen *Cabomba, Echinodorus* und *Eichhornia* aufwies (Wassertemperatur 22 °C; pH-Wert 8,0; elektrische Leitfähigkeit 410 µS/cm; Gesamthärte 2 °dH, Karbonathärte 12 °dH).

Moenkhausia sp. „Rio Uruguay"

Der Fundort dieser Rotaugen-Moenkhausie liegt im östlichen Einzugsbereich des Rio Uruguay im südwestlichen Brasilien (Rio Grande do Sul). Kennzeichen dieser Fische sind ein großer rundlicher Humeralfleck, eine gut ausgebildete gelbliche Farbzone

Moenkhausia sp. „Rio Uruguay" aus Rio Grande do Sul.

vor dem Schwanzfleck, eine auffällig kleine Schwanzflosse und eine geringe Zahl von Schuppen in der Längsreihe. Sie wurden zehn Kilometer nördlich der Stadt São Borja in einem kleinen Weiher mit extrem trübem Weißwasser gefangen. Zu den dort nachgewiesenen Fischen zählten neben weiteren Salmlern *Apistogramma commbrae* und eine *Gymnogeophagus*-Art (Wassertemperatur 19 °C; pH-Wert 7,5; elektrische Leitfähigkeit 80 µS/cm; Gesamthärte < 1 °dH).

Pflege im Aquarium

Zu der Popularität, der sich Rotaugen-Moenkhausien in der Aquaristik erfreuen, haben sicherlich ihre Anpassungsfähigkeit und Robustheit nicht unwesentlich beigetragen. Sie stellen nämlich weder an die wesentlichen Parameter des Wassers noch an die Fütterung besondere Ansprüche. Das Wasser kann weich oder hart, sauer oder alkalisch sein, denn die Fische fühlen sich bei einer Gesamthärte zwischen 1 und etwa 25 °dH und bei pH-Werten von 6 bis 8 wohl. Die Wassertemperatur darf in dem Bereich zwischen 20 und 30 °C liegen. Die in den subtropischen Regionen Südamerikas, das heißt in Argentinien, Paraguay und Südbrasilien beheimateten Rotaugen-Moenkhausien vertragen sogar Temperaturen unter 18 °C, wie die Untersuchungen in den natürlichen Lebensräumen belegen. ELIAS (1983) berichtet aber, dass seine Fische, über deren Herkunft und Artzugehörigkeit allerdings keine gesicherten Informationen vorliegen, bei 18 °C langsam die Nahrungsaufnahme einstellten.

Alle Rotaugen-Moenkhausien sind gesellige Fische, die ihre arttypischen Verhaltensweisen nur dann zeigen, wenn sie zusammen mit Artgenossen gehalten werden. Man sollte deshalb eine größere Gruppe und niemals weniger als ein halbes Dutzend Exemplare pflegen. Sie sind allerdings keine wirklichen Schwarmfische, sondern im Aquarium hält jedes Tier zum Artgenossen eine bestimmte Mindestdistanz ein. Wenn diese dadurch unterschritten wird, dass sich ein Fisch einem anderen zu sehr nähert, dann droht oder flieht dieser. Rotaugen-Moenkhausien, die einzeln oder in zu geringer Zahl gehalten werden, können gegenüber artfremden Fischen oft zänkisch und unverträglich sein.

links:
Unbestimmte *Moenkhausia* aus dem oberen Rio Guaporé in Brasilien.

rechts:
Nicht identifizierte *Moenkhausia*-Art aus dem Einzug des Rio Tambopata in Peru.

Da alle Arten nicht nur lebhafte Schwimmer sind, sondern auch zu den größeren Salmlern zählen – *M. oligolepis* erreicht eine Gesamtlänge von zehn Zentimetern –, haben die Rotaugen-Moenkhausien einen vergleichsweise großen Raumbedarf. Die Seitenlänge des Aquariums sollte daher nicht unter 80 Zentimetern, sondern vorzugsweise bei mindestens einem Meter liegen. Bei seiner Einrichtung sollte beachtet werden, dass die Fische neben einem ausreichend bemessenen Schwimmraum auch Bereiche benötigen, in die sie sich bei Bedarf zurückziehen können, um dort Schutz und Sicherheit zu finden. Durch eine Bepflanzung der Randzonen des Behälters kann dieses Bedürfnis berücksichtigt werden. Es ist jedoch nicht empfehlenswert, zarte oder feinfiedrige Gewächse zu verwenden, da sich die Fische auch vegetarisch ernähren und daher die Gefahr besteht, dass sie derartige Pflanzen beschädigen. Infolge ihrer Robustheit sind alle Rotaugen-Moenkhausien für die Pflege in einem Gesellschaftsaquarium, ja sogar für eine Vergesellschaftung mit weit größeren Buntbarschen, gut geeignet.

Zucht

Für Zuchtversuche (vgl. ELIAS, 1983) empfiehlt es sich, ein Pärchen, das einige Zeit vorher reichlich und abwechslungsreich ernährt wurde, in ein Aquarium mit einem Inhalt von etwa 30 Litern zu überführen. Die Geschlechtsunterschiede sind wenig deutlich. Im Unterschied zu den Weibchen, deren Afterflosse einen mehr oder weniger geraden Rand hat, haben männliche Fische eine Anale mit konkavem Rand. Gute Zuchtergebnisse sind nur zu erwarten, wenn der pH-Wert des Wassers den neutralen Bereich und die Gesamthärte 5 °dH möglichst nicht überschreiten. Die Einrichtung des Behälters besteht nur aus einem größeren Büschel feinfiedriger Pflanzen, z. B. Javamoos (*Vesicularia dubyana*), das den Zuchttieren sowohl als Laichsubstrat als auch als Versteckmöglichkeit dient. Nach der Laichabgabe sind die Elternfische zu entfernen, da sonst die Gefahr besteht, dass sie sich als Laichräuber betätigen. In Abhängigkeit von der Höhe der Wassertemperatur (24-27 °C) schlüpfen die Larven nach 36 bis 48 Stunden, und die Jungfische schwimmen nach sechs bis sieben Tagen frei. Da sie im Unterschied zu vielen anderen Salmlern dann bereits die frisch geschlüpften Larven des Salinenkrebses fressen können, stellt ihre Ernährung den Züchter vor keine Probleme.

Rotflossen- und Rotschwanz-Salmler (Characidae)

Die im Folgenden behandelten kleinen Salmler gehören wegen der kräftigen Rotfärbung ihrer Flossen, die im wirkungsvollen Kontrast zum Grün der Wasserpflanzen steht, zu den besonders beliebten Aquarienfischen. Allerdings sehen sie im Händlerbecken meist blass und farblos aus, da die rote Färbung ihrer Flossen stimmungsabhängig ist und nur in einer artgemäßen Umgebung von ihnen intensiv gezeigt wird. Obwohl die meisten Arten dieser Gruppe, die hier nur wegen der farblichen Übereinstimmung zusammengestellt wurde, der Unterfamilie *Aphyo-*

characinae zugeordnet werden, gibt es zwischen mehreren keine besonders engen verwandtschaftlichen Beziehungen.

Alle Arten sind recht schwimmfreudig und sollten möglichst in einer Gruppe von rund einem Dutzend Exemplaren in einem mittelgroßen Behälter gepflegt werden, der eine Länge zwischen 80 und 100 Zentimetern hat. Da insbesondere die Männchen ausgesprochen territorial sind und in ritualisierten Kämpfen untereinander kleine Reviere abgrenzen, sollte das Aquarium eine zumindest stellenweise dichte Bepflanzung aufweisen. Mit Ausnahme der aus den Einzugsgebieten des Orinoko stammenden Arten, lassen sich alle Rotflossen-Salmler auch in mittelhartem Wasser und bei pH-Werten im leicht alkalischen Bereich erfolgreich vermehren. Die im Rio Paraguay und Rio Paraná in subtropischen Regionen beheimateten Arten vertragen auch Temperaturen, die deutlich unter 20 °C liegen.

Aphyocharax alburnus (GÜNTHER, 1869)

Aphyocharax alburnus aus dem Rio Pijuayal im oberen Amazonasgebiet nahe der Stadt Pebas.

Dieser ursprünglich als *Chirodon alburnus* aus dem peruanischen Amazonasgebiet beschriebene Rotschwanz-Salmler hat im Amazonasbecken eine weite Verbreitung, die sich über die Länder Brasilien, Bolivien und Peru erstreckt (LIMA, 2003). Die äußerst schlanken, zart grünlich glänzenden, überwiegend silberfarbenen Fische werden maximal acht Zentimeter lang. Sie besitzen einen stimmungsabhängigen dunklen Schulterfleck. Ihre Fett-, Rücken-, und Afterflosse sowie die Bauchflossen sind gelb gefärbt. Die Schwanzflosse sieht mit Ausnahme ihres Grundes kräftig rot aus. Das abgebildete Exemplar von *Aphyocharax alburnus* wurde in Peru im oberen Amazonasgebiet nahe dem Typusfundort in der Umgebung von Pebas im Einzugsbereich des unteren Rio Pijuayal gefangen (Wassertemperatur 26 °C, elektrische Leitfähigkeit 35 µS/cm, < 1 °dGH und °dKH, pH 6,2).

Aus Guyana wurde aus dem Einzugsgebiet des Essequibo River bei Rockstone von EIGENMANN (1912) mit *Aphyocharax erythrurus* ein weiterer ganz ähnlicher Rotschwanz-Salmler beschrieben, der sich von *Aphyocharax alburnus* nur schwer unterscheiden lässt.

Nordwestlich der Stadt Riberalta fing ich in Bolivien in einem Sumpfgebiet im Einzugsgebiet des unteren Rio Yata (Wassertemperatur 28,9 °C, elektrische Leit-

fähigkeit 20 μS/cm, < 1 °dGH und °dKH, pH 5,7),
einen weiteren bisher nicht bestimmten recht hoch-
rückigen Rotschwanzsalmler, der sich von anderen Arten
dadurch unterscheidet, dass einerseits nur der Grund seiner
Schwanzflosse, dafür aber andererseits auch der gesamte Schwanzstiel intensiv
rot gefärbt sind.

Dieser unbe-stimmte Rotflos-sensalmler stammt aus dem Einzugs-gebiet des unte-ren Rio Yata nahe der Stadt Riber-alta in Bolivien.

Aphyocharax anisitsi EIGENMANN & KENNEDY, 1903

Ein Synonym des Rotflossensalmlers ist
Aphyocharax rubropinnis PAPPENHEIM, 1921.
Sein großes Verbreitungsgebiet, das bis in
die Subtropen hineinreicht, erstreckt sich
über die Fluss-Systeme des Rio Paraguay,
des Rio Paraná und des Rio Uruguay in
Brasilien, Paraguay und Argentinien. Die maximal bis 55 Millimeter langen, intensiv silbrig glänzenden Fische besitzen kräftig rot gefärbte unpaarige Flossen.
Auch ihre Bauchflossen sind größtenteils rot getönt.

Aphyocharax anisitsi aus dem Einzugsbereich des unteren Rio Pilcomayo nordwestlich von Ansunción in Paraguay.

Zahlreiche von mir untersuchte Fundorte des Rotflossensalmlers liegen einerseits im brasilianischen Bundesstaat Mato Grosso im Einzugsbereich des Rio
Cuiabá im Pantanal zwischen den Orten Poconé und Pto. Cercado (Wassertemperatur 25-30 °C, pH-Wert 6,5-7,3, elektrische Leitfähigkeit 18-30 μS/cm, <1
°dGH und °dKH), andererseits in Paraguay nordwestlich von Ansunción im Einzugsgebiet des unteren Rio Pilcomayo (Wassertemperatur 28,4 °C, pH-Wert 7,5,
elektronische Leitfähigkeit 140 μS/cm, 1 °dGH und 2 °dKH) sowie in Argentinien
im Einzugsgebiet des Rio Uruguay am Rio Miriñay (Wassertemperatur 9,5 °C, pH-
Wert 7,0, elektrische Leitfähigkeit 150 μS/cm, 1 °dGH und 3 °dKH).

Aphyocharax colifax TAPHORN & THOMERSON, 1991

Dieser erst spät entdeckte und bisher
kaum bekannte Rotschwanzsalmler aus
dem Einzugsgebiet des Orinoko wurde auf
der Grundlage von rund zwanzig Exemplaren beschrieben, die aus dem mittleren
Rio Oris, einem Nebenfluss des Rio Pa-

Aphyocharax colifax aus einem Weiher etwa 20 km nordöst-lich der Stadt Barrancas im Ein-zugsgebiet des unteren Orinoko.

131

raguá, im venezolanischen Bundesstaat Bolivar stammen. Die schlanken, zart grünlich glänzenden, silbrigen Fische erreichen eine Länge von fünf Zentimetern. Artspezifische Merkmale sind die intensive, auch auf den Schwanzstiel übergreifende Rotfärbung der gesamten Schwanzflosse, die gelbe Fettflosse, ein Schulterfleck und die farblosen restlichen Flossen.

Das abgebildete Exemplar wurde zusammen mit *Apistogramma hoignei*, *Papliochromis ramirezi* und einer *Pyrrhulina*-Art etwa 20 km nordöstlich der Stadt Barrancas in der dichten Ufervegetation eines Weihers im Einzugsgebiet des unteren Orinoko gefangen (Wassertemperatur 33 °C, pH-Wert 6,1, elektrische Leitfähigkeit 30 µS/cm, <1 °dGH und °dKH).

Aphyocharax rathbuni EIGENMANN, 1907

Aphyocharax rathbuni aus dem Einzugsbereich des Rio Cuiabá im brasilianischen Bundesstaat Mato Grosso.

Der Paraná-Rotflossen- oder Rubinsalmler ist der kleinste aller Rotflossen-Salmler, denn er ist bereits mit einer Totallänge von knapp vier Zentimetern ausgewachsen. Seine Rückenregion ist kräftig grüngelb bis goldgelb gefärbt. Der Grund seiner After- und Schwanzflosse sowie die angrenzenden Regionen des hinteren Körpers sehen dagegen intensiv rot aus. Insbesondere bei den Männchen haben die After- und Rückenflosse sowie die Bauchflossen auffallend weiße Spitzen oder Vorderkanten.

Die Art kommt in den Einzugsgebieten des Rio Paraguay in den Ländern Brasilien und Paraguay vor. Mehrere von mir untersuchte Fundorte des Rubinsalmlers liegen im Pantanal im brasilianischen Bundesstaat Mato Grosso im Einzugsbereich des Rio Cuiabá zwischen den Orten Poconé und Pto. Cercado (Wassertemperatur 25-30 °C, pH-Wert 6,5-7,3, elektrische Leitfähigkeit 18-30 µS/cm, <1 °dGH und °dKH).

Prionobrama filigera (COPE, 1870)

Prionobrama filigera.

Der Rotschwanz-Glassalmler, dessen Typusfundort bei Pebas in Peru liegt, hat im Amazonasgebiet eine weite Verbreitung, die sich über die Länder Kolumbien, Ecuador, Peru, Brasilien und Bolivien erstreckt. Merkmale dieser Art sind das ober-

132

Hemigrammus belottii (STEINDACHNER, 1882)

Hemigrammus belottii aus dem Caño Jigua am unteren Rio Atabapo in Kolumbien.

Das Typusmaterial dieses hübschen Zwergsalmlers, der eine Länge von ungefähr drei Zentimetern erreicht, stammt aus dem Grenzgebiet von Brasilien, Peru und Kolumbien in der Umgebung von Tabatinga am Rio Solimões. Weitere Fundorte sind aus den Einzugsgebieten des oberen Amazonas und des Rio Negro sowie des Maroni in Brasilien und Französisch-Guyana bekannt.

Besondere Kennzeichen der grau bis grünlichen Fische sind zwei äußerst schmale schwarze Linien, von denen die eine oberhalb der Basis der vorderen Afterflosse, die andere etwas höher, am Rand des Schwanzstiels verläuft. Vom Kiemendeckel erstreckt sich bis zur Schwanzflosse ein golden glänzendes Längsband. Der obere Rand der Iris ist kräftig rot gefärbt. Ein stimmungsabhängiger Schulterfleck ist nur gelegentlich sichtbar.

Ich fing Hemigrammus belottii im Schwarzwasser des Caño Jigua am unteren Rio Atabapo in Kolumbien. Dort ermittelte ich folgende Wasserwerte: Gesamt- und Karbonathärte <1 °dH, elektrische Leitfähigkeit <10 µS/cm, pH 4,4 und Wassertemperatur 24,4 °C. Im Aquarium erwies sich dieser seltene Zwergsalmler, über dessen Nachzucht keine Berichte vorliegen, als robuster und anpassungsfähiger Pflegling.

Schlanksalmler (Pyrrhulininae)

Die so genannten Schlanksalmler aus den drei Gattungen Copeina, Copella und Pyrrhulina sind nicht nur den Ichthyologen, sondern auch den Aquarianern seit langem bekannt. Die ersten Vertreter dieser Verwandtschaftskreise wurden bereits im Jahre 1876 von STEINDACHNER beschrieben. Als Aquarienfische gelangten Copella arnoldi schon 1905 und Pyrrhulina rachoviana 1906 erstmals lebend nach Deutschland. Auch wenn im Zoofachhandel nur etwa ein halbes Dutzend Schlanksalmler regelmäßig angeboten werden, erfreuen sich diese Fische, die auch als Engmaulsalmler bezeichnet werden, wegen ihrer geringen Größe, ihrer ungewöhnlichen Körperform und ihres interessanten Fortpflanzungsverhaltens in der Aquaristik großer Beliebtheit.

Besonders aquaristisch interessante und populäre Fische aus der Fischfamilie Lebiasinidae finden sich insbesondere in der Unterfamilie Pyrrhulininae, welche die Schlanksalmler aus den vier Gattungen *Copeina*, *Copella*, *Pyrrhulina* und *Nannostomus* enthält. In der wissenschaftlichen Literatur werden bisher knapp 30 Arten genannt, die den zum Teil im Habitus recht ähnlichen drei Gattungen *Copeina*, *Copella* und *Pyrrhulina* zugeordnet werden. Da die Taxonomie dieser Gattungen gegenwärtig jedoch als unzureichend bearbeitet gilt und mehrere Arten nur unbefriedigend definiert sind, gibt es in dem Verwandtschaftskreis einerseits sowohl Synonyme als auch eine ganze Reihe noch unbeschriebener Formen, die jedoch zum Teil in der Aquaristik bereits bekannt sind.

Bei diesen Schlanksalmlern handelt es sich um kleine, schlanke, teilweise sogar ausgesprochen lang gestreckte Fische mit einem seitlich meist nur mäßig abgeflachten Körper, die bis auf ganz wenige Ausnahmen eine Totallänge zwischen sechs und acht Zentimetern erreichen. Eine Fettflosse fehlt ihnen, und die gegabelte Schwanzflosse besitzt infolge des vergrößerten oberen Lappens meist eine deutlich asymmetrische Form. Der Kopf ist insbesondere bei den *Copella*-Arten zugespitzt und hat ein steil nach oben gerichtetes Maul. Die meisten Schlanksalmler zeigen einen Sexualdimorphismus, der bei den Männchen der *Copella*-Arten durch die starke Vergrößerung und Verlängerung der unpaaren Flossen besonders deutlich ist. Die männlichen Fische aller bisher im Aquarium zur Fortpflanzung gebrachten Arten zeigen ein bemerkenswertes Brutpflegeverhalten, da sie den Laich betreuen und beschützen.

Ökologie

Die Schlanksalmler aus den Gattungen *Copella* und *Pyrrhulina* zählen in Südamerika zu den häufigsten Fischen, da sie einerseits unter ganz verschiedenen Lebensbedingungen vorkommen und andererseits praktisch in keinem Lebensraum fehlen, der ihnen zusagende Umweltbedingungen bietet. Mit der Ausnahme von Chile sind sie in allen südamerikanischen Ländern verbreitet. Obwohl sie in einer Vielzahl unterschiedlichster Gewässer leben, unter anderem in Urwaldtümpeln, und -bächen, in Sümpfen, in Überschwemmungsgebieten und deren Restgewässern, in Weihern sowie in den Uferzonen größerer Seen und Flüsse, das heißt sowohl in stehendem als auch fließendem Wasser, haben alle überraschenderweise dennoch sehr ähnliche Lebensansprüche und Lebensweisen und folglich nur unwesentlich verschiedene ökologische Nischen, denn die Mehrzahl der Schlanksalmler bewohnt in diesen Gewässern ganz ähnliche, für sie typische Mikrohabitate.

wechselt. Artspezifische Bestimmungsmerkmale von *Copella meinkeni* sind fünf
bis sechs Längsreihen kräftig roter Pünktchen auf dem Körper sowie das Fehlen
eines Längsbandes und eines kleinen dreieckigen dunklen Flecks an der Basis der

Weibchen von *Copella meinkeni* aus einem der Zuflüsse des Rio Atabapo in Kolumbien.

unteren Strahlen der Schwanzflosse. Dieser Schlanksalmler kommt in den Einzugsgebieten des Rio Negro und des oberen Orinoko vor. Ich fing ihn im Schwarzwasser in der Ufervegetation kleiner Zuflüsse des Rio Atabapo (Wassertemperatur
24,4 °C, pH 4,4, 10 µS/cm, <1 °dGH, <1 °dKH).

Eine weitere ganz ähnlich gefärbte Art
aus den Einzugsgebieten des Rio Negro in
Brasilien unterscheiden ZARSKE & GÉRY
(2006) als **Copella sp. aff. meinkeni.**
Farbliche Bestimmungsmerkmale dieses
nur gut fünf Zentimeter langen Schlank-
salmlers bilden fünf bis sechs Längsreihen

Männchen *Copella* sp. aff. *meinkeni* aus dem Arquipelago das Anavilhannas im Rio-Negro-Gebiet.

roter Pünktchen, ein kleiner dreieckiger dunkler Fleck an der Basis der unteren
Strahlen der Schwanzflosse und das Fehlen eines Längsbandes. Ich fand die Art
im Arquipelago das Anavilhannas (Wassertemperatur 28 °C, pH 4,3, <10 µS/cm,
<1 °dGH, <1 °dKH).

Copella nigrofasciata (MEINKEN, 1952)
ist im mittleren und oberen Amazonasgebiet weit verbreitet. Ich konnte diese Art
wiederholt im Einzugsgebiet des unteren
Rio Ucayali, am Rio Nanay und Rio Copal in
Peru fangen (Wassertemperatur 27,1 °C,
pH 4,9, 3 µS/cm, <1 °dGH, <1 °dKH).

Copella nigrofasciata aus dem Rio Copal im Einzugsgebiet des unteren Rio Ucayali in Peru.

Von anderen Arten unterscheidet sich dieser Schlanksalmler durch den Besitz
eines vollständigen Längsbandes und von fünf bis sechs Längsreihen roter Flecken
auf den Körperseiten, durch gelbliche bis oran-
gefarbene Flossen sowie durch das
Vorhandensein eines kleinen dreieckigen dunklen Flecks am
Grund der unteren Strahlen der
Rückenflosse.

Die Gattung *Pyrrhulina* Valenciennes, 1846

Alle *Pyrrhulina*-Arten unterscheiden sich von den sonst sehr ähnlichen *Copella*-Arten durch ihren fast geraden, nicht doppelt S-förmig gebogenen Oberkiefer, die eng zusammenliegenden vorderen und hinteren Nasenöffnungen sowie durch den Besitz von zwei Reihen von Zähnen im Oberkiefer. Ein oft erwähnter Vertreter dieser Gattung, die zur Zeit knapp zwanzig taxonomisch bearbeitete Arten enthält,

Pyrrhulina sp. aff. brevis aus dem mittleren Ucayali in Peru.

ist **Pyrrhulina brevis** Steindachner, 1876, eine recht hochrückige Art mit sehr kurzem Längsstreifen und vergleichsweise gedrungenem Körper, die um die acht Zentimeter lang wird und aus dem Rio Negro beschrieben wurde. Lebende Fische sind jedoch sehr schwer zu bestimmen, da mehrere ganz ähnliche, zum Teil noch unbeschriebene Arten im Amazonasbecken in Peru und Brasilien weit verbreitet sind.

Zu diesen zählt **Pyrrhulina obermuelleri** Myers, 1926. Dieser aus der Umgebung von Iquitos beschriebene Schlanksalmler kommt in Kolumbien, Ecuador und

Pyrrhulina obermuelleri aus dem Einzug des unteren Rio Ucayali bei Jenaro Herrera.

Pyrrhulina sp. aff. *obermuelleri* aus dem Einzugsgebiet des Rio Moa in der Umgebung von Cruzeiro do Sul in Brasilien.

Peru vor. Ich konnte ihn in Peru am unteren Rio Ucayali bei Jenaro Herrera im Schwarzwasser fangen (Wassertemperatur 27,5 °C, pH 5,4, 3 µS/cm, <1 °dGH, <1 °dKH). Die bis gut sieben Zentimeter langen Männchen tragen auf den Schuppenreihen 3-5 rosa Flecken auf schwarzem Untergrund. Die Flossen sind rötlich getönt. Die Afterflosse sowie die Bauch- und Brustflossen besitzen schmale schwarze Säume. Eine ganz ähnliche Art, die sich durch den etwas über den Kiemendeckel hinausreichenden Längsstreifen und einen sehr auffälligen roten Fleck auf der Basis der Afterflosse unterscheidet, fand ich in Westbrasilien am Rio Moa in der Umgebung von Cruzeiro do Sul (Wassertemperatur 26,3 °C, pH 4,7, 10 µS/cm, <1 °dGH, <1 °dKH).

Ein großes taxonomisches Problem bildet **Pyrrhulina laeta** (Cope, 1872), ein aus dem Einzugsgebiet des Rio Ambyiacu nahe Pebas beschriebener

Schlanksalmler, da dem einzigen Typusexemplar heute nicht nur der Kopf, sondern auch Schuppen und Flossen teilweise fehlen. Formen mit einem kurzen Längsstrich, die dieser Art zumindest sehr ähnlich sind (M. WEITZMAN, briefl. Mitt.), fand ich in Venezuela unter anderem im Einzugsgebiet des Rio Arauca (Wassertemperatur 24,5 °C, pH 5,5, 10 µS/cm, <1 °dGH, <1 °dKH).

Pyrrhulina sp. aff. *laeta* aus dem Einzugsgebiet des Rio Arauca in Venezuela.

Ein farbliches Erkennungsmerkmal von **Pyrrhulina beni** PEARSON, 1924 bildet nach GÉRY (1977) der sich bis in Höhe der Rückenflosse erstreckende lange Längsstreifen und 25 Schuppen in der Längsreihe. Der Typusfundort dieser Art liegt in Bolivien im Einzugsgebiet des unteren Rio Beni im Stromsystem des Madre de Dios. Der Fundort des abgebildeten Exemplars ist die Kati Cocha in Peru, die am Rio Tambopata, einem Zufluss des oberen Madre de Dios, liegt (Wassertemperatur 18,5 °C, pH 6,0, 25 µS/cm, <1 °dGH, <1 °dKH).

Pyrrhulina sp. aff. *laeta* aus dem Rio Morichal Largo in Venezuela.

Pyrrhulina beni aus der Kati Cocha am Rio Tambopata in Peru.

Auch bei **Pyrrhulina semifasciata** STEINDACHNER, 1876 reicht das Längsband in etwa bis unter den Anfang der Rückenflosse. Die über sieben Zentimeter lange Art, die aus dem Mündungsbereich des Rio Negro beschrieben wurde, hat im Amazonasbecken

Pyrrhulina semifasciata aus dem unteren Rio Negro

Pyrrhulina vittata in dem Flusssystem des Rio Yapacani in Bolivien.

in Kolumbien, Ecuador, Peru, Brasilien, Venezuela und Guyana eine weite Verbreitung. Das abgebildete Exemplar, zu dessen Merkmalen der riesige schwarze Fleck in der Rückenflosse und die rötlichen Flossen zählen, wurde im unteren Rio Negro gefangen (Wassertemperatur 28 °C, pH 4,3, <10 µS/cm, <1 °dGH, <1 °dKH).

Zwei sehr hübsche und wegen ihres schwarzen Fleckenmusters sehr auffällige, recht hochrückige Arten sind **Pyrrhulina vittata** REGAN, 1912 und *Pyrrhulina spilota* WEITZMAN, 1960, die beide allerdings nur ganz selten einmal im Zoofach-

147

handel auftauchen. Der Typusfundort von *P. vittata* liegt in der Umgebung der Stadt Obidos am unteren Amazonas. Die maximal etwa knapp sechs Zentimeter großen Fische haben offenbar im oberen Amazonasgebiet eine ungewöhnlich große Verbreitung, denn sie sind nach meinen Beobachtungen auch in Bolivien in den Flusssystemen des Rio Mamoré und des Rio Yapacani besonders häufig (Wassertemperatur 22-29 °C, pH 5,9-6,6, 10-39 µS/cm, <1-1 °dGH, <1-2 °dKH). Sie tragen in der unteren Körpermitte zwei große schwarze Flecken und auf der Schwanzwurzel sowie häufig auch hinter dem Kiemendeckel zusätzlich je eine kleinere derartige Zeichnung.

Pyrrhulina spilota aus einem Urwaldbach im Einzugsbereich des Rio Tahuayo südlich von Iquitos.

Pyrrhulina spilota besitzt in der unteren Körperhälfte ein Muster von insgesamt vier bis fünf dunklen Flecken und große, teilweise schwarz gesäumte Flossen. Die Art kommt offenbar in einem nur begrenzten Gebiet im nordöstlichen Peru vor, das zu den Einzugsgebieten des oberen Amazonas im unteren Rio Ucayali gehört. Der Fangplatz des abgebildeten knapp acht Zentimeter langen Fisches ist ein Urwaldbach mit Schwarzwasser südlich von Iquitos im Einzugsbereich des Rio Tahuayo (Wassertemperatur 24 °C, pH 5,9, 10 µS/cm, <1 °dGH, <1 °dKH).

Pyrrhulina zigzag aus dem Rio Utiquinia in der Umgebung von Pucallpa in Peru.

Eine bereits seit der Mitte der 60-er Jahre in der Aquaristik gut bekannte und häufig gepflegte Art aus dem Einzugsbereich des mittleren und unteren Rio Ucayali wurde erst 1997 als ***Pyrrhulina zigzag*** von ZARSKE & GÉRY beschrieben. Das wichtigste farbliche Merkmal der recht schlanken Art, die nur eine Totallänge von etwa fünf Zentimetern erreicht, bildet ein zickzackförmiger Längsstreifen, auf den sich auch die Artbezeichnung bezieht. Ich konnte diese aufgrund ihrer arttypischen Zeichnung leicht zu bestimmende Art wiederholt in Gewässern in der Umgebung von Pucallpa sowie am Rio

Pyrrhulina australis aus dem Stromgebiet des Rio Mamoré in Bolivien.

Utiquinia und Rio Pacay nachweisen (Wassertemperatur 24,7-26 °C, pH 7,1-7,9, 127-404 µS/cm, 4-7 °dGH, 5-9 °dKH).

Der Typusfundort von ***Pyrrhulina australis*** EIGENMANN & KENNEDY, 1903 liegt in Paraguay. Die Art hat jedoch auch in Brasilien, Bolivien, Uruguay und Argentinien eine weite Verbreitung. In Bolivien ist sie im Stromgebiet des Rio Mamoré sehr häufig, wo sie mir in der Umgebung von Trinidad und Santa Cruz oft ins Netz ging. Ich konnte diesen Schlanksalmler aber auch im Süden des Subkontinents im Einzugsgebiet des Rio Uruguay in Argentinien zwischen den Städten Santo Tomé und La Cruz sowie in Südwestbrasilien nahe São Borja fangen (Wassertemperatur 19,0 °C, pH 7,5, 80 µS/cm, 1 °dGH, <1 °dKH). Ein Bestimmungs-

Pyrrhulina vittata in dem Fluss-system des Rio Yapacani in Bolivien.

Pyrrhulina fila-mentosa aus dem Crique Soumou-rou in Franzö-sisch-Guyana

merkmal von *Pyrrhulina australis* ist der sehr kurze Längsstreifen, der vom Maul nur bis kurz hinter das Auge reicht.

Pyrrhulina filamentosa VALENCIENNES, 1846 ist mit einer maximalen Gesamt-länge von über zehn Zentimetern der größte Vertreter der Gattung. Die Art, deren Verbreitung sich über die Guyana-Länder und Venezuela erstreckt, unterscheidet sich neben ihrer Größe auch durch die hohe Zahl von 26-28 Schuppen in einer Längs-reihe von anderen *Pyrrhulina*-Arten. Der abgebildete Fisch stammt aus dem Crique Soumourou in Französisch-Guyana (Wassertemperatur 27 °C, pH 5,7, 10 µS/cm, <1 °dGH, <1 °dKH).

Ziersalmler (Pyrrhulininae)

Ziersalmler, die im Englischen wegen ihrer charakteristischen Körperform den treffenden Namen Bleistiftfische (*pencil fishes*) tragen, werden der Unterfamilie Pyrrhulininae zugeordnet, die der Fischfamilie der Schlanksalmler (Lebiasinidae) angehört. Diese kleinen Salmler sind nicht nur den Ichthyologen, sondern auch den Aquarianern seit langem bekannt. Der erste Vertreter dieses Verwandtschaftskreises wurde bereits im Jahre 1872 von GÜNTHER, 1872 als *Nannostomus beckfordi* beschrieben. Lebend gelangten zwei Arten erstmals in den Jahren 1910 und 1911 als Aquarienfische

149

nach Deutschland. Inzwischen sind beinahe zwanzig Ziersalmler beschrieben worden. Weitere sind zwar bekannt aber taxonomisch noch nicht bearbeitet. Einige kamen noch gar nicht oder nur selten in den Zoofachhandel, andere werden jedoch regelmäßig angeboten und erfreuen sich wegen ihrer geringen Größe und kontrastreichen Färbung in der Aquaristik großer Beliebtheit.

Alle Ziersalmler, die nach WEITZMAN (1978; WEITZMAN & COBB, 1975; WEITZMANN & WEITZMANN 2003) in die von GÜNTHER im Jahre 1872 aufgestellte Gattung *Nannostomus* eingeordnet werden, sind kleine Fische, die eine maximale Gesamtlänge von fünf Zentimetern nicht überschreiten. Charakteristisch für die Gattung ist ferner ein schlanker, langgestreckter Körper, der rundlich und seitlich kaum abgeflacht ist, sowie ein kleines, enges, endständiges Maul. Für die Unterscheidung der Arten ist das Zeichnungsmuster aus bis zu drei Längsstreifen wichtig, das aus einem Band in der Körpermitte (Primärstreifen), einem meist schmaleren Streifen in der Rücken- (Sekundärstreifen) und gelegentlich einem dritten in der Bauchregion (Tertiärstreifen) bestehen kann, sowie der Besitz oder das Fehlen der Fettflosse. Früher wurden die beiden vorzugsweise in schräger Körperhaltung schwimmenden Arten *Nannostomus eques* und *N. unifasciatus* in der 1950 von HOEDEMANN beschriebenen Gattung *Nannobrycon* geführt (GÉRY, 1977). Gegenwärtig enthält die Gattung *Nannostomus* 17 Arten (WEITZMANN & WEITZMANN 2003). Im Folgenden wird eine Auswahl vorgestellt, die aus unterschiedlichen Gründen für die Aquaristik besonders interessant erscheint.

Nannostomus beckfordi GÜNTHER, 1872

Nannostomus beckfordi aus dem Kamuni Creek südlich von Georgetown in Guyana.

Nannostomus beckfordi aus Französisch-Guyana.

Der Längsband-Ziersalmler ist der am längsten bekannte und zugleich auch einer der am häufigsten im Zoofachhandel angebotene Vertreter dieses Verwandtschaftskreises. Arttypische farbliche Merkmale dieser Art bilden das auf dem Schwanzstiel oben und unten kräftig rot gesäumte Längsband, die ebenfalls rote Afterflosse, ein auffallender signalroter Punkt im Nasenbereich sowie die hellblau getönten Spitzen der Bauchflossen. Einzelne Stand-

150

ortvarianten mit begrenzter Verbreitung tragen auch auf dem Körper großflächige rote Bereiche. Eine Fettflosse fehlt ebenso wie der Sekundär- und Tertiärstreifen. Die Fische erreichen eine Gesamtlänge von gut sechs Zentimetern.

Das Verbreitungsgebiet erstreckt sich über die drei Guyana-Länder und den unteren Einzug des Amazonas vom brasilianischen Bundesstaat Pará bis zum Rio Negro. Ich konnte die hier abgebildeten Längsband-Ziersalmler in Guyana in mehreren Gewässern nachweisen, die zum Flusssystem des Demerara River gehören, aber auch im Einzug des Rio Preto südöstlich der Stadt Porto Velho.

Einer dieser Fundorte ist der Kamuni Creek südlich von Georgetown, ein Flüsschen, das dunkelbraunes Schwarzwasser führt und dessen Grund an vielen Stellen mit weißem Sand bedeckt ist. Die Längsband-Ziersalmler hielten sich in den strömungsarmen ufernahen Flachwasserbereichen auf, wo sie zwischen der in das Wasser reichenden emersen Ufervegetation sowie in Beständen von Sumpf- und Wasserpflanzen (*Cabomba aquatica, Tonina fluviatilis, Utricularia* sp., *Nymphaea* sp.) Schutz fanden. Weitere Fische dieses Fundortes waren die Buntbarsche *Nannacara anomala, Apistogramma steindachneri, Cleithracara moronii,* der Nanderbarsch *Polycentrus schomburgki*, Welse aus den Gattungen *Hoplosternum* und *Tatia*, zwei *Rivulus*-Arten, der Raubsalmler *Hoplias malabaricus* und eine *Pyrrhulina*-Art.

Weitere Fundorte bildeten mehrere kleine Fließgewässer, die den Highway zwischen Georgetown und Linden kreuzen. Alle führen ebenfalls typisches Schwarzwasser und bieten den Ziersalmlern ganz ähnliche Lebensbedingungen (24-25,5 °C, pH 3,9-4,1, 20-40 µS/cm, <1 dGH, <1 dKH). In den Uferzonen wuchsen die bereits genannten Sumpf- und Wasserpflanzen, und zusätzlich zu den vorstehend aufgeführten Fischen wurde dort der Salmler *Poecilocharax weitzmani* gefangen.

Nannostomus bifasciatus HOEDEMAN, 1954

Die bisher bekannten Fundorte des Zweibinden-Ziersalmlers liegen ausschließlich in Surinam und Französisch Guyana. Zusätzlich konnte ich die Art aber auch in einem Gewässer mit Schwarzwasser im Einzug des Rio Preto südöstlich der Stadt

Nannostomus bifasciatus aus dem Colakreek südlich von Paramaribo in Surinam.

Porto Velho nachweisen (26,3 °C, pH 5,6, <10 µS/cm, <1 °dGh und °dKH). Farbliche Merkmale dieser sehr schlanken Art bilden das kräftig ausgebildete Längs-

151

band, das bis in die Basis der Schwanzflosse reicht, sowie ein zweites, sehr schmales Band in der oberen Köperhälfte. An den Nasenöffnungen liegt ein winziger orangerot gefärbter Punkt. Fische aus dem Marowijne Creek tragen auf dem Schwanzstiel und am Grund der Afterflosse einen orangefarbenen Anflug (WEITZMAN & COBB, 1975). Die Art hat keine Fettflosse. Der Zweibinden-Ziersalmler kann eine Totallänge von knapp fünf Zentimetern erreichen.

Ein von mir genauer untersuchter Lebensraum des Zweibinden-Ziersalmlers bildet der südlich von Paramaribo gelegene Colakreek in Surinam. Bei diesem kleinen Flüsschen handelt es sich um ein typisches Schwarzgewässer (24 °C, pH 4,01, 50 µS/cm, <1 dGH, <1 dKH), dessen Grund stellenweise aus weißem Sand besteht. In seinem Uferbereich gab es an vielen Stellen dichte Bestände von Seerosen sowie *Cabomba aquatica* und *Tonina fluviatilis*, zwischen denen sich die Ziersalmler aufhielten. Zur begleitenden Ichthyofauna zählten dort Buntbarsche aus den Gattungen *Mesonauta* und *Krobia,* ferner *Apistogramma steindachneri* und *Nannacara anomala* sowie *Hoplias malabaricus* und *Rivulus geayi*.

Nannostomus digrammus (FOWLER, 1913)

Nannostomus digrammus aus dem Einzugsgebiet des Rio Beni, etwa zwanzig Kilometer südwestlich der Stadt Riberalta in Bolivien.

Die Typusexemplare des Zweistreifen-Ziersalmlers stammen aus dem Rio Madeira in Brasilien. Weitere Fundorte liegen im Einzugsbereich des mittleren und unteren Amazonas und in Guyana. Die rund vier Zentimeter großen unscheinbar gefärbten Fische besitzen eine Fettflosse. Das Längsband ist bei ihnen immer, der Sekundärstreifen meist gut ausgebildet.

Das abgebildete Exemplar wurde in Bolivien etwa zwanzig Kilometer südwestlich der Stadt Riberalta gefangen. *Nannostomus digrammus* lebte dort im Einzugsgebiet des Rio Beni in der Fall-Laubschicht eines von Wald umgebenen Weihers (Temperatur 21,7 °C, pH 5,5, <10 µS/cm, <1 °dGH und °dKH).

Nannostomus eques STEINDACHNER, 1876

Die Typusexemplare des Spitzmaul-
Ziersalmlers stammen aus dem Einzugsgebiet des oberen Amazonas oberhalb der
Stadt Tabatinga in Peru. Diese Art besiedelt
ein sehr ausgedehntes Verbreitungsgebiet,
das sich im Osten von der Umgebung der
Stadt Pebas (Rio Ampiyacu) in Peru über
den mittleren Amazonas in Brasilien bis
nach Obidos (Rio Trombetas) und Santarem
sowie in nördlicher Richtung über den Rio
Negro bis nach Venezuela in das Einzugsgebiet des Orinoko in der Umgebung der

Nannostomus eques aus dem Caño Jigua im Einzugsbereich des Rio Atabapo in Kolumbien.

Nannostomus eques aus dem Einzugsbereich des Rio Morichal Largo in der Nähe der Stadt Tremblador in Venezuela.

Stadt Caicara sowie in Guyana in das Flusssystem des Essequibo River erstreckt
(WEITZMAN & COBB, 1975).

Wichtige arttypische farbliche Kennzeichen von *Nannostomus eques* bilden das
breite, kräftig ausgebildete dunkelbraune Längsband, das sich hinter der
Schwanzwurzel auf die gesamte untere Hälfte der Schwanzflosse ausdehnt, sowie
die rötlich getönte Afterflosse. Die Fettflosse ist nur manchmal vorhanden. Eine
bemerkenswerte Eigenart des Verhaltens besteht bei dieser Art darin, dass sie in
Ruhe mit nach oben, zur Wasseroberfläche gerichtetem Kopf eine schräge
Schwimmhaltung einnimmt. Die maximale Gesamtlänge dieses Ziersalmlers liegt
bei fünf Zentimetern.

In Kolumbien fand ich den Spitzmaul-Ziersalmler im Einzugsbereich des Rio
Atabapo in der überschwemmten Ufervegetation des Caño Jigua (Schwarzwasser:
24,4 °C, pH 4,4, <10 µS/cm, <1 °dGH und °dKH). Ein anderer von mir genauer
untersuchter neuer Fundort, der das Verbreitungsgebiet dieser Art nach Nord-
osten erweitert, liegt in Venezuela im Einzugsbreich des Rio Morichal Largo, eines
linken Nebenflusses des unteren Orinoko. Fangplatz war ein zwischen zwei und
fünf Meter breiter Seitenarm in der Nähe der Stadt Tremblador, dessen Uferzone
stark mit Sumpf- und Wasserpflanzen verkrautet war (u. a. aus den Gattungen
Nymphaea, *Eichhornia* und *Chara*). Das sehr weiche und saure Wasser (31 °C, pH
5,2, 50 µS/cm, <1 dGH, <1 dKH) war klar, farblos und besaß eine kräftige
Strömung. Die Spitzmaul-Ziersalmler wurden im strömungsarmen Uferbereich am
Rande der Pflanzenbestände gefangen. Zu den dort vorkommenden Fischen

zählen ferner Buntbarsche aus den Gattungen *Apistogramma, Crenicichla, Hypselecara, Mesonauta, Nannacara*, ein Messerfisch sowie der Beilbauchfisch *Thoracocharax securis*.

Nannostomus marginatus EIGENMANN, 1909

Nannostomus marginatus aus einem Bach am Linden Highway südlich von Georgetown in Guyana.

Der Typusfundort des Zwerg-Ziersalmlers ist der Maduni Creek in Guyana. Nach der gegenwärtig akzeptierten Auffassung erstreckt sich das bekannte Vorkommen der Fische über mehrere weit voneinander entfernte Fundorte: Ihre Verbreitung erstreckt sich einerseits über Guyana (Essequibo, Demerara, Rupununi, Rio Branco) und Surinam (Carolina Creek) und andererseits über das obere und untere Amazonasbecken von Obidos bis Santarem in Brasilien. Schließlich wurde diese Art aber auch in Kolumbien im Bereich des Rio Caquetá und des Rio Orteguaza sowie in Peru und Venezuela nachgewiesen. Da sich mehrere dieser isoliert auftretenden Populationen nicht nur erheblich in ihrer Färbung, sondern auch in ihrer Morphologie unterscheiden (BORK, 1995; 2002; STAECK, 1998), schließt WEITZMAN (1966) nicht aus, dass mehrere der geografischen Farbformen beim Vorliegen zusätzlicher Informationen zumindest als verschiedene Unterarten einzustufen sind.

Nannostomus marginatus ist mit einer maximalen Gesamtlänge von etwa vier Zentimetern einer der kleinsten Ziersalmler. Zu den arttypischen Merkmalen von Exemplaren aus Guyana zählen der kurze, gedrungene Körper, das Muster aus drei dunklen Längsstreifen, ein kurzer roter Strich, der in der vorderen Körperhälfte oberhalb des mittleren Längsbandes liegt, die schwarz gesäumte Afterflosse, die im vorderen Bereich signalrot, im hinteren kräftig gelb gefärbt ist, sowie Rückenflosse und Bauchflossen, deren Basis rot getönt ist. Eine Fettflosse fehlt.

In Guyana fing ich den Zwerg-Ziersalmler wiederholt in Schwarzwasserflüsschen, die südlich von Georgetown den Linden Highway kreuzen (24 °C, pH 4,1, 30 μS/cm, <1 dGH, <1 dKH). Neue Fundorte dieser Art entdeckte ich im Einzugsgebiet des Rio Branco in der Umgebung der Stadt Boa Vista im brasilianischen Bundesstaat Roraima. Unter anderem fing ich diese Art dort etwa 40 km nördlich der Stadt nahe dem Rio Uraricoera in einem Sumpfgebiet, das von einem schnell fließenden Klarwasserflüsschen be- und entwässert wurde und üppige Bestände an Wasser- und Sumpfpflanzen (*Eichhornia azurea, Ludwigia sedoides, Mayaca*

154

fluviatilis, Tonina fluviatilis, Nymphaea- und *Utricularia*-Arten) aufwies, in denen sich die Ziersalmler aufhielten. Auch dort war das Wasser sauer und extrem weich (28-32 °C, pH 5,8-6,9, <10 µS/cm, <1 dGH, <1 dKH). Weitere Fische dieses Fundortes waren u. a. *Apistogramma rupununi*, eine *Acaronia*- und *Satanoperca*-Art und *Hoplias malabaricus*.

Nannostomus sp. „Rio Moa"

Diese auf den ersten Blick an *Nannostomus marginatus* erinnernden Fische fing ich im Sommer 1997 zusammen mit Ingo SCHINDLER im Westen Brasiliens im Bundesstaat Acre. Gemeinsame Merkmale beider Ziersalmler bilden die drei dunklen Längs-

Nannostomus sp. „Rio Moa" aus dem Einzugsbereich des Rio Moa östlich der Stadt Cruzeiro do Sul in Brasilien.

streifen und die Rotfärbung von Rücken-, After- und Bauchflossen. Trotzdem ist ihre eindeutige Unterscheidung mithilfe farblicher Besonderheiten möglich: Den von uns entdeckten Fischen fehlt der rote Strich im vorderen Körperbereich. Dafür sind bei ihnen aber der Schwanzstiel und der Grund der Schwanzflosse rot gefärbt. Ferner ist das Zusammenfließen der beiden oberen dunklen Längsstreifen auf der Schwanzflossenbasis ein gutes Erkennungsmerkmal. Der hintere Teil der Afterflosse sieht nicht gelb, sondern farblos aus, und nicht ihr vorderer, sondern ihr mittlerer Bereich ist rot gefärbt. Schließlich fehlt der Afterflosse der schwarze Saum.

Unsere Fundorte des Ziersalmlers liegen östlich der Stadt Cruzeiro do Sul im Einzugsbereich des Rio Moa, eines Nebenflusses des oberen Rio Juruá. Ein genauer untersuchter Lebensraum der Fische ist ein im Primärurwald gelegener Weiher, dessen Uferbereich stark mit Sumpfpflanzen (u. a. Nymphaeaceae) verkrautet war. Sein sehr weiches, saures Wasser (26,8-28,3 °C, pH 5,1-,3, 10 µS/cm, <1 dGH, <1 dKH) war klar und hatte eine braune Farbe. Der Untergrund war an vielen Stellen sandig. Die Ziersalmler lebten in den Pflanzenzonen. Zu den dort nachgewiesenen Fischen gehörten die Buntbarsche *Apistogramma juruensis, Laetacara flavilabris*, sowie eine *Rivulus*- und eine *Pyrrhulina*-Art.

155

Nannostomus mortenthaleri PAEPKE & ARENDT, 2001

Männchen von
*Nannostomus
mortenthaleri.*

Weibchen von
*Nannostomus
mortenthaleri.*

Die unter der Bezeichnung Purpurziersalmler erstmals 2000 aus Peru importierten Fische wurden von kommerziellen Zierfischfängern im Einzugsgebiet des oberen Rio Nanay im Departomento de Loreto entdeckt und von dem in Iquitos ansässigen Exporteur Mortenthaler für den Zoofachhandel ausgeführt. In der Originalbeschreibung wurde der Purpurziersalmler wegen seiner Ähnlichkeit zum Zwergziersalmler nur als Unterart von *Nannostomus marginatus* beschrieben, WEITZMAN & WEITZMAN (2003) begründeten jedoch ausführlich den Status der Fische als eigenständige Spezies.

Die Fundorte der maximal gut vier Zentimeter großen Art, die keine Fettflosse hat, liegen im Einzug des Rio Tigre in der Nähe der Ortschaften Alvarenga bzw. Puerto Alianza und Sta. Elena, etwa 130 km westlich von Iquitos. Sie besitzt alle drei gattungstypischen Längsstreifen. Da die prächtig gefärbten Fische einen deutlichen Sexualdichromatismus besitzen, sind die Geschlechter leicht zu unterscheiden. Insbesondere während der Balz zeigen die Männchen ober- und unterhalb des dunklen Längsstreifens sowie auf den Flossen ein intensives Rot, während die weiblichen Fische nur weißlich oder gelblich gefärbt sind.

Nannostomus sp. cf. *marginatus* „Rot"

Zwei kämpfende
Männchen von
Nannostomus sp.
cf. *marginatus*
„Rot".

Der Rote Ziersalmler ist eine Neuentdeckung, die erstmals im Jahre 2002 aus Peru als Aquarienfisch exportiert wurde. Seine Fundorte liegen im Einzugsgebiet des Rio Marañon zwischen den Mündungen des Rio Morona und des Rio Santiago in der Umgebung der Ortschaft Saramirasa. Auch dieser offenbar mit dem Zwergziersalmler nahe verwandte Fisch zeigt deutliche geschlechtsbedingte Farbunterschiede. Während männliche Exemplare vor allem während der Balz eine überwiegend rote Körperfarbe haben, zeigen die Weibchen einen weißlichen Grundton und nur in der Rückenflosse rote Farbtöne. Der Rote Ziersalmler, der ebenfalls alle drei Längsstreifen besitzt, ist mit einer Länge von ungefähr vier Zentimetern ausgewachsen. Eine Fettflosse fehlt ihm.

Nannostomus trifasciatus STEINDACHNER, 1876

Der Dreibinden-Ziersalmler, der nur eine Länge von gut vier Zentimetern erreicht, wurde aus der Umgebung von Tabatinga in Brasilien beschrieben. Weitere Fundorte sind aus den Guyana-Ländern, dem Einzugsgebiet des Rio Negro und dem

Nannostomus trifasciatus aus dem Lago Largo im Einzugsgebiet des Rio Yata in der bolivianischen Provinz Beni.

Amazonasbecken in den Ländern Brasilien, Peru und Bolivien bekannt. Wie im Namen angedeutet, sind bei dieser Art alle drei Längsstreifen gut ausgebildet. Die Bauchflossen sowie die After- und Rückenflosse sind größtenteils rot gefärbt, und auch der Grund der Schwanzflosse trägt oben und unten je einen kräftig roten Fleck. Eine Fettflosse fehlt meist.

Ich konnte die Fische am Lago Largo in der Provinz Beni in Bolivien fangen. Dieser Fundort gehört zum Einzugsgebiet des Rio Yata, eines Nebenflusses des Rio Mamoré. Die Fische leben dort in ufernahen Bereichen des Gewässers, wo es eine dichte Ufervegetation gibt, in deren Schutz sie sich aufhalten (Wassertemperatur 25,0-27,8 °C, pH-Wert 5,5-7,3; elektrische Leitfähigkeit <10 µS/cm, Gesamt- und Karbonathärte <1 °dH).

Nannostomus unifasciatus STEINDACHNER, 1876

Der Typusfundort des Einbinden-Ziersalmlers ist nahe der Mündung des Rio Negro gelegen. Seine weite Verbreitung erstreckt sich über Teile des Amazonaseinzuges in Bolivien und Brasilien, aber auch das Einzugsgebiet des oberen Orinoko in

Nannostomus unifasciatus aus dem Mapawasee im Einzugsgebiet des Rio Itomanas in der bolivianischen Provinz Beni.

Venezuela und Kolumbien. Ein Synonym ist *Poeciliobrycon ocellatus* EIGENMANN, 1909 aus der Umgebung von Wismar in Guyana. Der Art, die wie im Namen angedeutet nur den Primärstreifen besitzt, fehlen alle Rottöne. Die Fettflosse ist

157

vorhanden. Ein artspezifisches Merkmal des nicht besonders farbigen Ziersalmlers ist ein hell umrandeter Augenfleck in der oberen Hälfte der Schwanzflosse.

Ein von mir mehrmals genauer untersuchter Fundort der Fische ist der Mapawasee in der bolivianischen Provinz Beni im Einzugsgebiet des Rio Itomanas. Die Ziersalmler lebten dort in den schwimmenden Wiesen aus *Eichhornia azurea* (30,1 °C, pH 5,7-6,2, <10-20 µS/cm, <1 °dGH und °dKH).

Pflege im Aquarium

Die Auswertung der Daten, die durch unsere Messungen an zahlreichen Fundorten von Ziersalmlern ermittelt wurden, ergibt, dass diese Fische vorzugsweise in äußerst mineralarmen Gewässern mit extrem niedriger Härte und Leitfähigkeit sowie einer stark sauren Reaktion leben. Bei diesen Lebensräumen handelt es sich oft um Schwarzwasser, seltener um Mischformen von Schwarz- und Klarwasser oder Klarwasser. Die Wassertemperatur kann durchaus auf über 30 °C ansteigen, liegt aber meist um 24 Grad. Obwohl die Ziersalmler meist in Fließgewässern leben, die häufig eine recht starke Strömung besitzen, halten sie sich ausnahmslos in den ruhigen, strömungsarmen Bereichen auf. Ein weiteres wichtiges Merkmal der natürlichen Biotope besteht darin, dass sie ausnahmslos üppige Bestände submerser Pflanzen aufweisen und dass ihre Oberfläche häufig mit Schwimmblättern oder Schwimmpflanzen bedeckt ist.

Aus diesen Beobachtungen in der Natur lässt sich ableiten, dass Ziersalmler in gut bepflanzten Aquarien, in denen die Gewächse zum Teil bis an die Wasseroberfläche reichen und deren Boden mit feinem Sand abgedeckt ist, ideale Lebensbedingungen finden. Obwohl sie aus Gewässern mit recht extremen chemischen und physikalischen Merkmalen stammen, hat sich gezeigt, dass sie auch in mäßig bis mittelhartem Wasser mit einer leicht alkalischen Reaktion jahrelang bei voller Gesundheit zu pflegen sind.

Alle Ziersalmler sind wegen ihres kleinen Maules Kleinbrockenfresser, die sich im natürlichen Lebensraum häufig als Aufwuchsfresser entpuppen und von winzigen Insekten ernähren, die auf die Wasseroberfläche gefallen sind. Die schräge Schwimmweise von *Nannostomus eques* und anderen Arten ist eine Anpassung an diese Ernährungsweise. Ideale Futtermittel sind deshalb Fruchtfliegen (*Drosophila*) und kleine Wasserflöhe. Flockenfutter wird jedoch ebenfalls problemlos gefressen.

Obwohl die Ziersalmler keine Schwarmfische sind, haben sie dennoch eine soziale Lebensweise, denn sie treten in den natürlichen Lebensräumen nicht

158

einzeln, sondern in Ansammlungen auf, in denen der Einzelfisch Sichtkontakt zu Artgenossen hat. Innerhalb dieser Trupps wird jedoch eine Individualdistanz eingehalten, deren Unterschreitung Flucht oder Drohen auslöst. Man sollte deshalb alle Arten in Gruppen von mindestens zehn Exemplaren pflegen. Da die Ziersalmler, die sehr ruhige und langsame Schwimmer sind, die mittleren und oberen Bereiche des Aquariums als Aufenthaltsort bevorzugen, lassen sie sich sehr gut mit Zwergbuntbarschen und kleineren Panzerwels-Arten vergesellschaften.

Zucht

Im Unterschied zur Pflege müssen für die erfolgreiche Zucht von Ziersalmlern die chemischen und physikalischen Parameter des Wassers weitgehend den Bedingungen in ihren natürlichen Lebensräumen angenähert werden, damit die Entwicklung der Embryonen und Larven normal verläuft. ELIAS (1974; 1975; 1977), ein erfahrener Züchter, empfiehlt für Zuchtversuche pH-Werte zwischen 5,6 und knapp unter 7, eine Gesamthärte unter 5 °dH und Wassertemperaturen zwischen 26 und 28 °C. Die laichbereiten Fische werden paarweise in kleine Behälter mit einem Inhalt von fünf bis zehn Litern überführt, die zumindest stellenweise dichte Pflanzenbestände enthalten. Alle Ziersalmler sind unter Aquarianern als Laichräuber berüchtigt, die den eigenen Eiern nachstellen. Es empfiehlt sich deshalb, feinblättrige Pflanzen (*Myriophyllum, Cabomba, Ceratophyllum, Vesicularia dubiyana*) zu verwenden, da die Eier darin für Laichräuber schwieriger zu finden sind, und die Elternfische nach dem Ablaichen schnell von den Eiern zu trennen. Der Zeitpunkt, an dem die Larven schlüpfen, ist temperaturabhängig. Bei einer Wassertemperatur um 26 °C schlüpfen sie nach knapp 30 Stunden. Bevor die Jungfische frei schwimmen, vergehen aber noch weitere fünf Tage. Für ihre Ernährung wird anfangs winziges Lebendfutter benötigt, z. B. die ausgesiebten Nauplien von *Cyclops*-Krebsen.

Literaturverzeichnis

ARENDT, K. (2007): „Dichrourinha": interessante Zwergsalmler aus den Tropen Südamerikas. Aquaristik Fachmagazin 39 (3): 24-26.

BENINE, RICARDO (2003): Moenkhausia. In: REIS, R.E., S.O. KULLANDER & C. J. FERRARIS, Jr. (eds.): Check List of the Freshwater Fishes of South America and Central America. EDIPUCRS, Porto Alegre, Brazil: 145-151.

BÖHM, O. (1986): Beliebte Schwarmfische aus den Gattungen Aphyocharax und Prionobrama. D. Aqu. u. Terr. Z. (Datz) 39 (1): 1-2.

- - (1986): Nachzucht gelungen: beim Augenflecksalmler Aphyocharax paraguayensis. Aquarium heute 4 (2): 13-15.

BORK, D. (1995): Eine weitere Form von Nannostomus marginatus? Das Aquarium 29 (3): 3-4.

- - (2003): Zwergziersalmler Unterarten und Varianten von Nannostomus marginatus. Das Aquarium 29 (3): 25-28.

BUCKUP, P. A. (1993): Review of the characidiin fishes (Teleostei, Characiformes), with description of four new genera and ten new species. Ichthyol. Explor. Freshwaters 4 (2): 97-154.

- - (2003): Family Crenuchidae (South American Darters), in: REIS, R.E., S.O. KULLANDER & C. J.

BUCKUP, P. A. & R. E. REIS (1997): Characidiin genus Characidium (Teleostei, Characiformes) in southern Brazil,. Copeia 1997 (no. 3):531-548.

BUCKUP, P. A., C. ZAMPROGNO, F. VIEIRA & R. L. TEIXEIRA (2000): Waterfall climbing in Characidium (Crenuchidae: Characidiinae) from eastern Brazil. Ichthyol. Explor. Freshwaters 11 (3): 273-278.

BURNS, J. R., & S. H. WEITZMAN (2005): Insemination in Ostariophysan Fishes. In: URIBE, M. C., & H. J. GRIER: Viviparous Fishes, 107-134. Homestead, Florida.

DACHSEL, M. (1990): Zur Kälteverträglichkeit fremdländischer Aquarienfische. D. Aqu. u. Terr. Z. (Datz) 43 (12): 715-718.

EIGENMANN, C. H. (1912): The Freshwater Fishes of British Guiana, including a study of the ecological grouping of species and the relation of the fauna of the plateau to that of the lowlands. Mem. Carneg. Mus. 5: 1-578.

- - (1917): The American Characidae, pt. 1. Mem. Mus. Comp. Zool. 43 (pt. 1): 1-102.

ELIAS, J. (1974): Der Längsband-Ziersalmler, Nannostomus beckfordi Günther, 1872. D. Aqu. u. Terr. Z. (Datz) 27 (12): 412-415.

- - (1975): Der Neonsalmler, Paracheirodon innesi (Myers, 1936). D. Aqu. u. Terr. Z. (Datz) 28 (1): 51-55.

- - (1975): Zucht und Nachzucht des Zwergziersalmlers (Nannostomus marginatus). D. Aqu. u. Terr. Z. (Datz) 28 (4): 120-122.

- - (1977): Spitzmaulziersalmler - Nannostomus eques Steindachner, 1876. D. Aqu. u. Terr. Z. (Datz) 30 (8): 268-271.

- - (1983): Pflege und Zucht von Moenkhausia sanctaefilomenae (Steindachner, 1907). D. Aqu. u. Terr. Z. (Datz) 36 (1): 17-21.

ENSE, W. (1978): So rot wie Blut, Hyphessobrycon callistus. Das Aquarium, 12 (12): 519-521.

ESCHMEYER, W. N., ed. (1998): Catalog of fishes. Cal. Ac. Sci. San Francisco.

EVERS, H.-G. (1995): Nematocharax venustus: Verhalten und Fortpflanzung im Aquarium. D. Aqu. u. Terr. Z. (Datz) 48 (9): 554-558.

- - (1998): Salmlerzucht. D. Aqu. u. Terr. Z. (Datz) 51 (5, 6): 300-304; 354-356.

- - (1999): Sabonete. Aquaristik Fachmagazin 31 (2): 55-57.

FERRARIS, Jr. (eds.): Check List of the Freshwater Fishes of South America and Central America. EDIPUCRS, Porto Alegre, Brazil: 87-95.

FINK, W. L. (1993): Revision of the Piranha Genus Pygocentrus (Teleostei, Characiformes). Copeia (3): 665-687.

FÖRSTER, R., J. D'HAESE & H. GREVE (1999): Morphologische Untersuchungen am „Flugapparat" von Beilbauchsalmlern. IV. Symposium zur Ökologie und Systematik der Fische und II. Tagung der Gesellschaft für Ichthyologie. Programm und Kurzfassung der Beiträge. Verlag Natur & Wissenschaft, Solingen: 24.

FOWLER, H. W. (1948): Os peixes de água doce do Brasil, Teil 1. Arquivos Zool. S. Paulo 6: 1-204.

- - (1954): Os peixes de água doce do Brasil, Teil 4. Arquivos Zool. S. Paulo 9: 1-400.

FRANKE, H.-J. (1989): A New Characoid: The Three-spotted Pyrrhulina. TFH 37 (11): 16-19.

FREYHOF, J. (1988): Beobatchungen bei der Zucht des Prachtsalmlers Crenuchus spilurus GÜNTHER, 1863. D. Aqu. u. Terr. Z. (Datz) 41 (7): 209-211.

GARBE, H. (1995): Rhoadsia altipinna: Zur Fortpflanzung des Cichlidensalmlers. In: GREVEN, H., & R. RIEHL (eds.): Fortpflanzungsbiologie der Aquarienfische: 177-19. Bornheim

GEISLER, R. (1990): Biotop des Blauen Neon (Paracheirodon simulans). Aquarium heute 8 (2): 6-12.

- - (1994): Die Neonfische der Gattung Paracheirodon: Entdeckung und Ersteinfuhr, Ökologie und Verbreitung. Amazonas, Datz-Sonderheft: 26-36.

GEISLER, R. & S. R. ANNIBAL (1984): Ökologie des Cardinal-Tetra Paracheirodon axelrodi (Pisces, Characoidea) im Stromgebiet des Rio Negro/Brasilien sowie zuchtrelevante Faktoren. Amazonia 9: 53-86.

GÉRY, J. (1966): A review of certain Tetragonopterinae (Characoidei), with the description of two new genera. Ichthyologica, Aquar. J., 37: 211-236.

- - (1977): Characoids of the World. T .F. H. Publ., Neptune City, N. J.

- - (1994): Neuere Fortschritte in der Systematik der amazonischen Salmler. Amazonas, Datz-Sonderheft: 40-44.

HADDAD, V., & I. SAZIMA (2003): Piranha attacks on Humans in Southeast Brazil: Epidemiology, Natural History, and Clinical Treatment, With Description of a Bite Outbreak. Wilderness and Environmental Medicine 14 (4): 249-254.

HARTL, A. (1979): Die Pflege und Zucht von Serrasalmus nattereri, eines Sägesalmlers oder Piranhas. D. Aqu. u. Terr. Z. (Datz) 32 (1): 8-11.

HELMDACH, L. (2001): Der San Pablo-Salmler. Das Aquarium 35 (11): 12-15.

HETZ, S. K. (2006): Amazonien, die Fische und der Sauerstoff. Amazonas 2, Datz-Sonderheft: 6-13.

HOFFMANN, P. (1991): Ist der Blaupunktsalmler, Copella nattereri, nur ein Beifang? D. Aqu. u. Terr. Z. (Datz) 44 (9): 562.

HOFFMANN, P., & M. HOFFMANN (1997): Hyphessobrycon elachys. D. Aqu. u. Terr. Z. (Datz) 50 (12): 780-781.

- - (2001): B wie „Bodensalmler" oder „Beifang." DATZ 54 (7): 64-66.

- - (2004): „Rosy Tetras." D. Aqu. u. Terr. Z. (Datz) 57 (4): 6-13; (7): 6-11.

- - (2005): Neu aus dem Rio Madre de Dios: Peru-Kaisersalmler. D. Aqu. u. Terr. Z. (Datz) 58 (7): 6-11.

- - (2006): „Rosy Tetras" – und kein Ende in Sicht. D. Aqu. u. Terr. Z. (Datz) 59 (4): 10-14; (6): 30-34.

HUMBOLDT, A. von, in: JASPERT, Reinhard, ed. (1979): Südamerikanische Reise. Safari Verlag, Berlin.

JANOVETZ, J. (2005): Functional morphology of feeding in the scale-eating specialist Catoprion mento. J. Exp. Biol. 208 (24): 4757-4768.

JÉGU, M, (2003): Subfamily Serrasalminae (Pacus and piranhas), in: REIS, R.E., S.O. KULLANDER & C. J. FERRARIS, Jr. (eds.): Check List of the Freshwater Fishes of South America and Central America: 182-196. EDIPUCRS, Porto Alegre, Brasilien.

LADIGES, W. (1973): Schwimmendes Gold vom Rio Ucayali. Engelbert Pfriem Verlag, Wuppertal.

LIMA, R. S. (2003): Subfamily Aphyocharacinae (Characines). In: REIS, R. E., S. O. KULLANDER & C. J. FERRARIS, Jr. (eds.): Check List of the Freshwater Fishes of South America and Central America. EDIPUCRS, Porto Allegre, Brazil: 197-199.

LIMA, F, C. T. & L. R. MALABARBA (2003): Hyphessobrycon, in: REIS, R. E., S. O. KULLANDER & C. J. FERRARIS, Jr. (eds.): Check List of the Freshwater Fishes of South America and Central America. EDIPUCRS, Porto Allegre, Brazil: 134-141.

LINKE, H., & W. STAECK (2001): Amerikanische Cichliden I: Kleine Buntbarsche. Tetra Verlag, Bissendorf.

MARKEL, H. (1972): Aggression und Beuteverhalten bei Piranhas (Serrasalminae, Characidae). Z. Tierpsychologie 30: 190-216.

MÉRONA, B. DE, & J. RANKING-DE-MÉRONA (2004): Food resource partitioning in a fish community of the central Amazon floodplain. Neotropical Ichthyology 2 (2): 75-84.

MOL, J. H. (2006): Attacks on humans by the piranha Serrasalmus rhombeus in Suriname. Stud. Neotrop. Fauna and Environment 41 (3): 189-195.

NIEUWENHHUIZEN, A. van den (1984/85): Phantomsalmler. D. Aqu. u. Terr. Z. (Datz) 37 (12): 441-444; 38 (1): 1-3.

OLIVEIRA, R. D. & al. (2004): Cardiorespiratory responses of the facultative air-breathing fish jeju, Hoplerythrinus unitaeniatus (Teleostei, Erythrinidae) exposed to graded ambient hypoxia. Comp. Biochem. Physiol. A 139 (4): 479-485.

PAEPKE, H.-J., & K. ARENDT (2001): Nannostomus marginatus mortenthaleri new subspec. from Peru (Teleostei: Lebiasinidae). Verh. Ges. Ichthyol. Bd. 2: 143-154.

PLANQUETTE, P., P. KEITH & P.-Y. LE BAIL (1996): Atlas des poissons d'eau douce de Guyane, Bd. 1, Paris.

PRADA-PREDEROS, S. & N. L. CHAO (1992): Abundância e distribuição do Cardinal Tetra Paracheirodon axelrodi (Pisces, Characidae) e diversidade da associação de peixes na planicie inundavel de tributaries do medio Rio Negro, Amazonas, Brasil. 4° Congresso Brasileiro de Limnologia 1992, Programa & Resumos.

REIS, R. E. (2003): Subfamily Tetragonopterinae (Characines, Tetras), in: REIS, R. E., S. O. KULLANDER & C. J. FERRARIS, Jr. (eds.): Check List of the Freshwater Fishes of South America and Central America: 212.

REIS, R. E., S. O. KULLANDER & C. J. FERRARIS, Jr., eds. (2003): Check List of the Freshwater Fishes of South America and Central America. EDIPUCRS, Porto Alegre, Brazil.

RIEHL, R., & H. A. BAENSCH (1990): Aquarien-Atlas, Bd. 3. Mergus Verlag, Melle. 1104 pp.

- - (2006):Aquarien Atlas, Bd.1. Mergus Verlag, Melle. 1083 pp.

ROOSEVELT, TH. (1914): Through the Brazilian Wilderness. New York.

SCHINDLER, I. (1995): Typusfundort und Verbreitung von Moenkhausia sanctaefilomenae. D. Aqu. u. Terr. Z. (Datz) 48 (4):208-209.

SCHMIDT, H. (1996): Bekommen Salmler in hartem Wasser Nierensteine? Tetra Verlag (publiziert als Manuskript).

SCHMITT, B. (1983/84): Die Zucht von Serrasalmus nattereri. D. Aqu. u. Terr. Z. (Datz) 36 (12): 453-455; 37 (1): 18-20.

SCHWARTZ, E. (1977): Bau und Leistung des Fischkörpers. In: Kosmos-Handbuch der Aquarienkunde. Franckhsche Verlagshandlung, Stuttgart: 582-649.

SIOLI, H. (1984): The Amazon and its main affluents: Hydrography, morphology of the river courses, and river types. In: SIOLI, H. (Hg.): The Amazon – Limnology and landscape ecology of a mighty tropical river and its basin. Dordrecht, Boston, Lancaster.

STAECK, W. (1991): Segelflossensalmler: interessant, schön, aber selten. Aquarium heute 9 (3): 14-16.

- - (1994): Beilbäuche: spezialisiert auf ein Leben an der Wasseroberfläche. Aquarium heute 12 (4): 598-602.

- - (1995): Blutsalmler. Aquarium heute 13 (2): 69-73.

- - (1997): Der Neonsalmler: Paracheirodon innesi (MYERS, 1936). Aquarium heute 15 (3): 578-580.

- - (1998): Ziersalmler aus der Gattung Nannostomus. Aquarium heute 16 (1): 14-18.

- - (2000): Im Aquarium sehr beliebt: Schlanksalmler. Aquarium heute 18 (2): 520-524.

- - (2006): Ein seltener Zwergsalmler: Aphyocharax paraguayensis. Aquaristik Fachmagazin 38 (1): 32.

- - (2007): Piranhas in der Natur und im Aquarium: Dichtung und Wahrheit. Aquaristik 15 (3): 66-71.

STENGERT, J. (1993): Rachow-Grundsalmler: Pflege und Zucht von Characidium rachovii. Das Aquarium 27 (1): 11-12.

SUTTNER, R. (1991): Ein Prachtfisch mit ungewöhnlichem Brutverhalten: Der Grünpunkt-Tetra, Poecilocharax weitzmani. Das Aquarium 25 (4): 15-17.

- - (1994): Ein Brutpfleger: Der Kyburzisalmler. D. Aqu. u. Terr. Z. (Datz) 47 (8): 489-491.

WEITZMAN, S. H., (1978): Three New Species of Fishes of the Genus Nannostomus from the Brazilian States of Pará and Amazonas (Teleostei: Lebiasinidae). Smithsonian Contrib. Zool., 163 (No. 263): 1-14.

WEITZMAN, S. H., & J. S. COBB (1975): A Revision of the South American Fishes of the Genus Nannostomus Günther (Family Lebiasinidae). Smithsonian Contrib. Zool., 160 (No. 186): 1-36.

WEITZMAN, S. H., & L. PALMER (1997): A new species of Hyphessobrycon (Teleostei: Characidae) from the Neblina region of Venezuela and Brazil, with comments on the putative 'rosy tetra clade'. Ichthyol. Explor. Freshwaters 7 (3): 209-242.

- - (2003): Family Gasteropelecidae (freshwater Hatchetfishes). In: REIS, R. E., S. O. KULLANDER & C. J. FERRARIS, Jr. (eds.): Check List of the Freshwater Fishes of South America and Central America. EDIPUCRS, Porto Allegre, Brazil: 101-103.

WEITZMAN, M. & S. H. WEITZMAN (2003): Family Lebiasinidae (Pencil fishes). In: Reis, R. E., S. O. Kullander & C. J. Ferraris, Jr. (eds.): Check list of the Freshwater Fishes of South and Central America. EDIPUCRS, Porto Allegre, Brazil: 241-251.

ZARSKE, A. (2001): Nanocheirodon insignis (STEINDACHNER, 1818). Das Aquarium 35 (11): 15-16.

ZARSKE, A. & J. GÉRY (1997): Ein neuer Salmler aus Peru: Pyrrhulina zigzag sp. n. (Pisces: Teleostei: Lebiasinidae). D. Aquarium 31 (6): 12-17.

- - (2002): Der Blaurote Kolumbien-Salmler: Hyphessobrycon columbianus n. sp. – ein neuer Salmler (Teleostei, Characiformes, Characidae) aus dem kolumbianischen Darien. Das Aquarium 36 (1): 22-30.

- - (2004): Hyphessobrycon nigricinctus sp. n. – ein neuer Salmler (Teleostei: Characiformes: Characidae) aus dem Stromgebiet des Río Madre de Dios in Peru. Zool. Abh. 54: 31-38.

- - (2006): Beschreibung einer neuen Salmler-Gattung und zweier neuer Arten (Teleostei: Characiformes: Characidae) aus Peru und Brasilien. Zool. Abh. 55: 31-49

- - (2007): Zur Identität von Copella nattereri (Steindachner, 1876) einschließlich der Beschreibung einer neuen Art (Teleostei: Characiformes: Lebiasinidae). Zool. Abh. (Dresden) 56: 15-46.

ZUANON, J. L. N. CARVALHO & I. Sazima (2006): A chameleon characin: the plant-clinging and colour-changing Ammocryptocharax elegans (Characidiinae: Crenuchidae). Ichthyol. Explor. Freshwaters 17 (3): 225-232.

ZUKAL, R. (1975): Die Zucht von Serpasalmlern - eine reizvolle Aufgabe. Aquarien-Magazin, 9 (12): 492-494.

Register

fett = ausführliche Beschreibung,
kursiv = Abbildung

163